工业机器人维护与保养

主 编 孙洪雁 徐天元 崔艳梅
副主编 汪洪青 郭英平 刘 超 李云柱

北京理工大学出版社
BEIJING INSTITUTE OF TECHNOLOGY PRESS

内 容 简 介

本书是在深入企业实际调研基础上，根据工业机器人行业要求和工学结合课程改革的需求编写的。本书内容的组织与安排采用任务导向的方法，将职业技能培养和知识的获取整合到学习任务中，以实际工作为载体，设计了 5 个项目 18 项任务，具体内容涵盖了工业机器人安全操作与保养、工业机器人硬件维护与保养、工作站维护与保养、机器人常见故障及处理、工作站常见故障及处理，通过这五个项目，让读者了解并掌握工业机器人维护保养的工作流程，从而达到能独立完成具体维护保养的一系列工作。

版权专有　侵权必究

图书在版编目（CIP）数据

工业机器人维护与保养 / 孙洪雁，徐天元，崔艳梅主编 . —北京：北京理工大学出版社，2023.7 重印
　ISBN 978-7-5682-7274-2

　Ⅰ. ①工⋯　Ⅱ. ①孙⋯ ②徐⋯ ③崔⋯　Ⅲ. ①工业机器人－维修　Ⅳ. ① TP242.2

中国版本图书馆 CIP 数据核字（2019）第 146297 号

出版发行 /	北京理工大学出版社有限责任公司
社　　址 /	北京市海淀区中关村南大街 5 号
邮　　编 /	100081
电　　话 /	（010）68914775（总编室）
	（010）82562903（教材售后服务热线）
	（010）68944723（其他图书服务热线）
网　　址 /	http://www.bitpress.com.cn
经　　销 /	全国各地新华书店
印　　刷 /	定州市新华印刷有限公司
开　　本 /	787 毫米 ×1092 毫米　1/16
印　　张 /	9.75
字　　数 /	220 千字
版　　次 /	2023 年 7 月第 1 版第 6 次印刷
定　　价 /	39.50 元

责任编辑 /	张鑫星
文案编辑 /	张鑫星
责任校对 /	周瑞红
责任印制 /	李志强

图书出现印装质量问题，请拨打售后服务热线，本社负责调换

前言 Preface

党的二十大报告提出:"推动制造业高端化、智能化、绿色化发展。"为了深入贯彻党的二十大精神,深刻领会、充分认识新征程教材工作肩负的使命与职责,充分体现教材鲜明的意识形态属性、价值传承功能,我们"工业机器人维护与保养"课程建设团队通过召开实践专家研讨会,提炼形成了反映"工业机器人维护与保养"企业岗位中主要工作内容的18个典型工作任务,并将其作为工业机器人专业课程教学的载体,很好地解决了课程教学与职业岗位工作相脱节的问题,加强了中等职业教育教材建设,保证了教学资源基本质量的要求。本书依托国内外工业机器人应用行业的高新技术,深入分析工业机器人应用技术人员的职业资格,明确了工业机器人应用技术人才的培养目标,将代表性的工作转化为本书的任务并通过工作页的形式加以呈现,工作任务中包含了工作过程的工作对象、工具、工作方法和劳动组织等生产性要素,使课程内容与工作过程紧密结合,以期在教学过程中实现工学结合。

本书在内容与形式上有以下特色:

1. 任务引领。以工作任务引领知识、技能和态度,让学生在完成工作任务的过程中学习相关知识,发展学生的综合职业能力。

2. 结果驱动。通过完成工作任务所获得的成果,激发学生的成就感;通过完成具体的工作任务,培养学生的岗位工作能力。

3. 内容实用。紧紧围绕工作任务完成的需要来选择课程内容,不强调知识的系统性,而注重内容的针对性和实用性。

4. 学做一体。以工作任务为中心,实现理论与实践的一体化教学。

5. 教材与学习统一。既可以作为教材使用也可以作为自学材料使用,教学适用性更强。

6. 学生为本。教材的体例设计与内容的表现形式充分考虑到学生的认知发展规律，图文并茂，版式活泼，能够激发学生的学习兴趣。

本书由5个项目18个任务构成，共安排72学时。除基础内容外，本书还融入了考核评价标准，让教师的教和学生的学的效果有检验的依据，可操作性更强，建议的课程学时安排如下：

内容		授课学时
项目一 工业机器人安全操作与保养	任务一　了解安全概要	4
	任务二　解读安全操作规范	4
	任务三　填写保养单	4
项目二 工业机器人硬件维护与保养	任务一　识读控制柜硬件	4
	任务二　识读机器人本体	4
	任务三　识读示教器	4
	任务四　连接工业机器人硬件	4
项目三 工作站维护与保养	任务一　识读工作站	4
	任务二　识读通信板卡硬件	4
	任务三　配置 I/O 信号	4
	任务四　手动测试 I/O 信号	4
项目四 机器人常见故障及处理	任务一　使用示教器	4
	任务二　校准及更新转数计数器	4
	任务三　更换机器人电池	4
	任务四　处理常见工业机器人故障	4
项目五 工作站常见故障及处理	任务一　处理误操作故障	4
	任务二　处理常见气路故障	4
	任务三　处理常见电路故障	4
合　计		72

本书编写中参考了大量的文献，包括企业内部技术资料，拓展了我们的思路，使教材内容更加丰富实用，在此对参考文献的作者及企业表示衷心的感谢！

由于水平有限，时间仓促，本书难免存在一些不足之处，希望各位专家、同人及读者们原谅并提出宝贵意见。

编　者

目录

项目一　工业机器人安全操作与保养 ……………………………………… 1

任务一　了解安全概要 ………………………………………………… 1

任务二　解读安全操作规范 …………………………………………… 11

任务三　填写保养单 …………………………………………………… 17

项目二　工业机器人硬件维护与保养 …………………………………… 27

任务一　识读控制柜硬件 ……………………………………………… 27

任务二　识读机器人本体 ……………………………………………… 32

任务三　识读示教器 …………………………………………………… 37

任务四　连接工业机器人硬件 ………………………………………… 53

项目三　工作站维护与保养 ………………………………………………… 62

任务一　识读工作站 …………………………………………………… 62

任务二　识读通信板卡硬件 …………………………………………… 67

任务三　配置 I/O 信号 ………………………………………………… 73

任务四　手动测试 I/O 信号 …………………………………………… 79

项目四　机器人常见故障及处理 …………………………………………… 89

任务一　使用示教器 …………………………………………………… 89

任务二　校准及更新转数计数器 ……………………………………… 95

任务三　更换机器人电池……105
任务四　处理常见工业机器人故障……110

项目五　工作站常见故障及处理……122

任务一　处理误操作故障……122
任务二　处理常见气路故障……126
任务三　处理常见电路故障……133

参考文献……149

项目一 工业机器人安全操作与保养

教学目标

- 了解安全概要；
- 解读安全操作规范；
- 填写保养单；
- 加强学习能力，培养学生应对安全事故的良好心态。

任务一 了解安全概要

任务描述

根据工业机器人在日常生产活动中对人们造成的伤害实例，学生必须识别机器人工作岗位上常见危险，确定机器人的安全要求，认识安全符号的名称和含义，这样可以最大限度地减少工作中发生事故的可能性。

实施流程

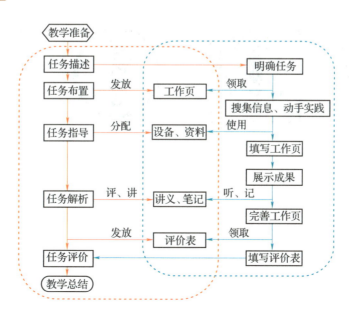

工业机器人维护与保养

教学准备

1. 资料准备：课件、图片。
2. 工具准备：机器人设备。

工作步骤

了解安全概要——工作页1

班级_____ 姓名_____ 日期_____ 成绩_____

识读图中安全符号的名称和含义。

A	B	C	D
E	F	G	H
I	J	K	L
M	N	O	P

A：

B：

C:

D:

E:

F:

G:

H:

I:

J:

K:

L:

M:

N:

O:

P:

考核评价

识读工业机器人本体——考核评价表

班级_____ 姓名_____ 日期_____ 成绩_____

序号	教学环节	参与情况	考核内容	教学评价	
				自我评价	教师评价
1	明确任务	参 与【 】 未参与【 】	领会任务意图		
			掌握任务内容		
			明确任务要求		
2	搜集信息	参 与【 】 未参与【 】	研读学习资料		
			搜集数据信息		
			整理知识要点		
3	填写工作页	参 与【 】 未参与【 】	明确工作步骤		
			完成工作任务		
			填写工作内容		
4	展示成果	参 与【 】 未参与【 】	聆听成果分享		
			参与成果展示		
			提出修改建议		
5	整理笔记	参 与【 】 未参与【 】	聆听任务解析		
			整理解析内容		
			完成学习笔记		
6	完善工作页	参 与【 】 未参与【 】	自查工作任务		
			更正错误信息		
			完善工作内容		
备注	请在教学评价栏目中填写：A、B或C 其中，A—能，B—勉强能，C—不能				
学生心得融入思政要素					
思政观测点评价					

知识链接

一、案例回放

（1）2016年，在东莞劲胜现场一名技术人员在维修、调整机器人外部设备时，机器人突然动作，技术人员未来得及避让机器人，被机器人压伤手臂，如图1-1所示。

（2）技术工人在维修检测焊接机器人的时候，在非安全作业区域内进行维修，机器人突然启动，把人直接撞倒，差点被机器人碾压，如图1-2所示。

图1-1　机器人生产线维修现场

图1-2　焊接机器人生产线现场

（3）2017年5月7号上午，佛山华数工程中心一名员工在一楼展示区调试新组装的模拟冲压设备内部时，右手手背被气缸组件切伤，如图1-3所示。

（a）

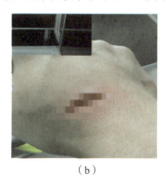

（b）

（c）

图1-3　模拟冲压设备切伤手背现场

（a）模拟冲压设备；（b）手背切伤；（c）模拟冲压设备现场

学习安全知识的重要性：

（1）是企业生存与发展的需求；
（2）是国家法律规定的要求；
（3）是保护员工生命与健康的需求；
（4）是员工掌握安全知识与技能的需求。

二、安全信号和安全符号

1. 危险等级

表1-1定义了所用危险等级的图标。

表 1-1 危险等级图标定义表

标　志	名　称	含　义
⚠️	危险	警告，如果不依照说明操作就会发生事故，并导致严重或致命的人员伤害或严重的产品损坏。该标志适用于以下险情：碰触高压电气装置、爆炸或火灾、有毒气体、压轧、撞击和从高处跌落等
⚠️	警告	警告，如果不依照说明操作可能会发生事故，造成严重的伤害（可能致命）或重大的产品损坏。该标志适用于以下险情：触碰高压电气单元、爆炸、火灾、吸入有毒气体、挤压、撞击、高空坠落等
⚡	电击	针对可能会导致严重的人身伤害或死亡的电气危险的警告
❗	小心	警告，如果不依照说明操作，可能会发生造成伤害和/或产品损坏的事故。该标志适用于以下险情：灼伤、眼部伤害、皮肤伤害、听力损伤、挤压或滑倒、跌倒、撞击、高空坠落等。此外，它还适用于某些涉及功能要求的警告消息，即在装配和移除设备过程中出现有可能损坏产品或引起产品故障的情况时，就会采用这一标志
ESD	静电释放（ESD）	针对可能会导致严重产品损坏的电气危险的警告
ℹ️	注意	描述重要的事实和条件
💡	提示	描述从何处查找附加信息或如何以更简单的方式进行操作

2. 产品标签上的安全符号

表 1-2 定义了产品标签上所用的图标。

表 1-2　产品标签图标定义表

标　志	描　述
⚠	警告！ 警告如果不依照说明操作可能会发生事故，造成严重的伤害（可能致命）和/或重大的产品损坏。该标志适用于以下险情：触碰高压电气单元、爆炸、火灾、吸入有毒气体、挤压、撞击、高空坠落等
！	注意！ 警告如果不依照说明操作，可能会发生造成伤害和/或产品损坏的事故。该标志适用于以下险情：灼伤、眼部伤害、皮肤伤害、听力损伤、挤压或滑倒、跌倒、撞击、高空坠落等。此外，它还适用于某些涉及功能要求的警告消息，即在装配和移除设备过程中出现有可能损坏产品或引起产品故障的情况时，就会采用这一标志
🚫	禁止！ 与其他标志组合使用
📖	请参阅用户文档！ 请阅读用户文档，了解详细信息。 符号所定义为要阅读的手册： • 无文本：产品手册
📖🔧	在拆卸之前，请参阅产品手册
🚫🔧	不得拆卸！ 拆卸此部件可能会导致伤害
⟨⟩	旋转更大！ 此轴的旋转范围（工作区域）大于标准范围
⇄	制动闸释放！ 按此按钮将会释放制动闸，这意味着机器人可能会掉落
🤖	拧松螺栓有倾翻风险！ 如果螺栓没有固定牢靠，机器人可能会翻倒

续表

标　志	描　述
	挤压！ 挤压伤害风险
	高温！ 存在可能导致灼伤的高温风险
	机器人移动！ 机器人可能会意外移动
	吊环螺栓
	带缩短器的吊货链
	机器人提升
	润滑油！ 如果不允许使用润滑油，则可与禁止标志一起使用

续表

标　志	描　述
	机械挡块
	无机械制动器
	储能！ 警告此部件蕴含储能。 与不得拆卸标志一起使用
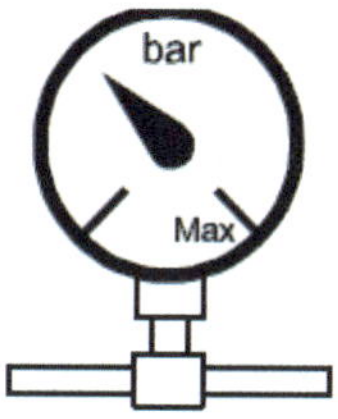	压力！ 警告此部件承受了压力。通常另外印有文字，标明压力大小
	使用手柄关闭！ 使用控制器上的电源开关
	不得踩踏！ 警告如果踩踏这些部件，可能会造成损坏

3. 故障排除作业安全

1）概述

所有正常的检修工作、安装、维护和维修工作通常在关闭全部电气、气压和液压动力的情况下执行。通常使用机械挡块等，防止所有操纵器运动。

故障排除工作与它不同。在故障排除时，可打开所有或任何动力，可通过在本地运行的机器人程序或者通过与系统连接的PLC，从示教器手动控制操纵器运动。

2）故障排除期存在的危险

这意味着在故障排除期间必须无条件地考虑这些注意事项：

（1）所有电气部件必须视为是带电的。

（2）操纵器必须能够随时进行任何运动。

（3）由于安全电路可能已经断开或已绑住以启用正常禁止的功能，因此系统必须能够执行相应操作。

3）安全故障产生的后果

（1）危险——没有轴制动闸的机器人可能产生致命危险！

机器人手臂系统非常沉重，特别是大型机器人，如果没有连接制动闸、连接错误、制动闸损坏或任何故障导致制动闸无法使用，都会产生危险。表1-3所示为工业机器人安全制动闸。例如，当IRB7600手臂系统跌落时，可能会对站在下面的人员造成伤亡。

表1-3 工业机器人安全制动闸

操 作	参考信息/图示
如果怀疑制动闸不能正常使用，请在作业前使用其他方法确保机器人手臂系统的安全性	质量规格见相应机器人型号的产品手册（本课程以IRB120机器人为例）
如果打算通过连接外部电源禁用制动闸，请务必注意以下事项： ⚠ 当禁用制动闸时，切勿站在机器人的工作范围内（除非使用了其他方法支撑手臂系统）！ 任何时候均不得站在任何机器人轴下方	有关如何正确连接外部电源的详情，请参阅相应机器人型号的产品手册（本课程以IRB120机器人为例）

（2）危险——驱动模块内带电！

即使在主开关关闭的情况下，驱动模块也带电，可直接从后盖后面及前盖内部接触。机器人控制柜主电源关闭变压器端子如图1-4所示，机器人控制柜主电源关闭电动机端如图1-5所示。

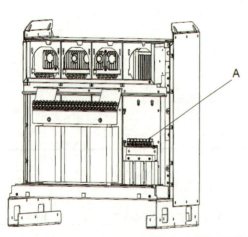

图1-4 机器人控制柜主电源关闭变压器端子
A—变压器端子带电，即使在主电源开关关闭时也带电

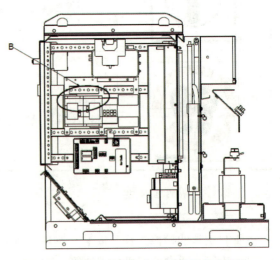

图1-5 机器人控制柜主电源关闭电动机端
B—电动机的ON端带电，即使在主电源开关关闭时也带电

在打开模块的后盖之前请阅读表1-4内容。

表 1-4　机器人控制柜主电源关闭确认表

步骤	操作
1	确保已经关闭输入主电源
2	使用电压表检验，确保任何终端之间没有电压
3	继续检修工作

（3）注意——热部件可能会造成灼伤！

在正常运行期间，许多机器人部件都会发热，尤其是驱动电动机和齿轮箱。某些时候，这些部件周围的温度也会很高，触摸它们可能会造成不同程度的灼伤。

环境温度越高，机器人的表面越容易变热，从而可能造成灼伤。

机器人部件温度确认如表 1-5 所示，下面详细说明了如何避免上述危险。

表 1-5　机器人部件温度确认表

步骤	操作
1	在实际触摸之前，务必用手在一定距离感受可能会变热的组件是否有热辐射
2	如果要拆卸可能会发热的组件，请等到它冷却或者采用其他方式处理
3	泄流器的温度最高可达到 80 ℃

任务二　解读安全操作规范

任务描述

了解安全操作规范，掌握相关机器人操作安全知识。

实施流程

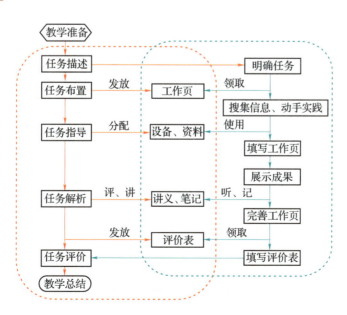

教学准备

1. 资料准备：课件、图片。
2. 工具准备：机器人设备。

工作步骤

解读安全操作规范——工作页 2

班级_____ 姓名_____ 日期_____ 成绩_____

一、了解安全操作规范

（1）不要戴手套操作_____，不佩戴首饰，如耳环、戒指或垂饰等，进入机器人工作区域必须戴_____和穿_____，操作机器人的人员不能够披头散发，操作机器人人员指甲不能够过长。

（2）机器人在静止状态下，不要轻易_____，很有可能在等待_____。

（3）不要轻易去按机器人控制柜上的_____，随时会发生意外_____。

（4）因故离开设备工作区域前应按下_____，避免突然断电或者关机_____，并将_____放置在安全位置。

（5）必须知道机器人_____和_____上的紧急停止按钮的位置，以备在紧急情况下按这些按钮。

（6）机器人处于_____时，任何人员都不允许进入其运动所及的区域。

（7）机器人操作人员必须经过_____，必须熟识机器人本体和控制柜上的各种安全警示标识，按照操作要领_____或_____编程控制机器人动作。

二、案例分析

案例一：

事故经过：

德国大众汽车制造厂发生一起机器人杀人事件，此员工当时正在调试机器人，后者突然出手撞击工人胸部，致其当场死亡，年仅 21 岁。

事故原因：

防范措施：

案例二：

事故经过：

2016 年生产中心一名员工在拆电柜电源线时造成短路跳闸，电火花溅射，所幸没有发生严重事故，人员受到惊吓。

事故原因：

防范措施：

三、安全法则

考核评价

解读安全操作规范——考核评价表

班级_____ 姓名_____ 日期_____ 成绩_____

序号	教学环节	参与情况	考核内容	教学评价	
				自我评价	教师评价
1	明确任务	参 与【 】 未参与【 】	领会任务意图		
			掌握任务内容		
			明确任务要求		
2	搜集信息	参 与【 】 未参与【 】	研读学习资料		
			搜集数据信息		
			整理知识要点		
3	填写工作页	参 与【 】 未参与【 】	明确工作步骤		
			完成工作任务		
			填写工作内容		
4	展示成果	参 与【 】 未参与【 】	聆听成果分享		
			参与成果展示		
			提出修改建议		
5	整理笔记	参 与【 】 未参与【 】	聆听任务解析		
			整理解析内容		
			完成学习笔记		
6	完善工作页	参 与【 】 未参与【 】	自查工作任务		
			更正错误信息		
			完善工作内容		
备注	请在教学评价栏目中填写：A、B或C　　其中，A—能，B—勉强能，C—不能				
学生心得融入思政要素					
思政观测点评价					

知识链接

一、机器人安全操作规范

在操作机器人之前必须详细阅读机器人安全操作规范，确保人身及设备使用安全。

（1）机器人周围区域必须清洁，无油、水及杂质等。

（2）装卸工件前，先将机械手运动至安全位置，严禁装卸工件过程中操作机器。

（3）不要戴手套操作示教器，不佩戴首饰，如耳环、戒指或垂饰等，进入机器人工作区域必须戴安全帽和穿安全鞋，操作机器人的人员不能够披头散发，操作机器人人员指甲不能够过长。

（4）如需要手动控制机器人时，应确保机器人动作范围内无任何人员或障碍物，将速度由慢逐渐调整，避免速度突变造成伤害或损失。

（5）示教器应放在安全位置，线缆摆整齐，不容易被人碰倒摔坏。

（6）机器人在静止状态下，不要轻易靠近，很有可能在等待外部信号时突然启动。

（7）不要轻易去按机器人控制柜上的释放报闸按钮，随时会发生意外。

（8）严禁在控制柜内随便放置配件、工具、杂物、安全帽等，以免影响到部分线路，造成设备的异常。

（9）因故离开设备工作区域前应按下急停开关，避免突然断电或者关机零位丢失，并将示教器放置在安全位置。

（10）必须知道机器人控制器和外围控制设备上的紧急停止按钮的位置，以备在紧急情况下按这些按钮。

（11）万一发生火灾，请使用二氧化碳灭火器。

（12）机器人处于自动模式时，任何人员都不允许进入其运动所及的区域。

（13）机器人停机时，夹具上不应置物，必须空机。

（14）机器人操作人员必须经过专业培训，必须熟识机器人本体和控制柜上的各种安全警示标识，按照操作要领手动或自动编程控制机器人动作。

二、操作人员安全注意事项

（1）机器人与其他机械设备的要求通常不同，如它的大运动范围、快速的操作、手臂的快速运动等，这些都会造成安全隐患。操作机器人应遵循各种规程，以免造成人身伤害设备事故。操作机器人工作的所有人员（安全管理员、安装人员、操作人员和维修人员）必须时刻树立安全第一的思想，以确保所有人员的安全。

（2）机器人的安装区域内禁止进行任何的危险作业。

（3）如任意触动机器人及其外围设备，将会有造成伤害的危险。请采取严格的安全预防措施，在工厂的相关区域内应安放，如"易燃""高压""止步"或"闲人免进"等相应警示牌。忽视这些警示可能会引起火警、电击或由于任意触动机器人和其他设备会造成伤害，未经许可的人员不得接近机器人和其外围的辅助设备。

三、严格遵守下列条款

（1）绝不要强制地扳动机器人的轴，否则可能会造成人身伤害和设备损坏，如图1-6所示。

（2）绝不要倚靠机器人电控柜或其他控制柜上；不要随意地按动操作键。否则可能会造成机器人产生未预料的动作，从而引起人身伤害和设备损坏，如图1-7所示。

图1-6　不要强制地扳动机器人的轴

图1-7　不要倚靠电控柜或随意按动操作键

（3）在操作期间，绝不允许非工作人员触动电控柜。否则可能会造成机器人产生未预料的动作，从而引起人身伤害和设备损坏。

（4）为电控柜配线前须熟悉配线图，配线须按配线图进行。错误的配线或零、部件的不正确移位，将会产生设备损坏或人身伤害。在进行电控柜与机器人、外围设备间的配线及配管时须采取防护措施，如将管、线或电缆从坑内穿过或加保护盖予以遮盖，以免被人踩坏或被叉车碾压而坏。操作者和其他人员可能会被明线、电缆或管路绊住而将其损坏，从而会造成机器人的非正常动作，以致引起人身伤害或设备损坏。

四、事故案例分析

案例一：

事故经过：

德国大众汽车制造厂发生一起机器人杀人事件，此员工当时正在调试机器人，后者突然出手撞击工人胸部，致其当场死亡，年仅21岁。大众汽车生产线如图1-8所示。

事故原因：

（1）工人没有按规定走到安全作业区域。

（2）工人缺乏安全意识，对现场环境和设备不熟悉。

防范措施：

（1）在安装调试过程中要按照规定去到安全作业区，非安全作业区不允许进入。

（2）该员工安全意识薄弱，要增强员工安全培训。

图1-8　大众汽车生产线

案例二:

事故经过:

2016年生产中心一名员工在拆电柜电源线时造成短路跳闸,电火花溅射,所幸没有发生严重事故,人员受到惊吓。

事故原因:

(1)该员工在拆电线时没有检查设备是否断开电源,如图1-9所示。

(2)该员工没有安全意识,没有养成良好的作业习惯。

(3)车间用电布线存在安全隐患。

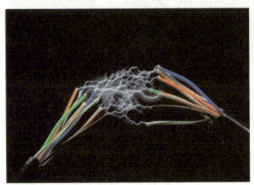
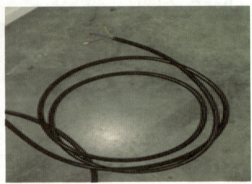

图1-9 拆电线时未断开电源

防范措施:

(1)在拆电线时,先确认设备是否在断电状态,做到先检查再下手的作业习惯。

(2)整改车间用电布线,加强安全用电知识的培训。

(3)形成良好用电操作规范(电线接线、拆线的规范)。

日常安全隐患举例如图1-10所示。

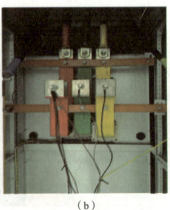
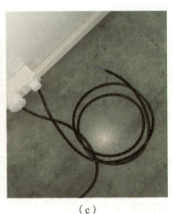

(a) (b) (c)

图1-10 日常安全隐患举例

(a)进入危险区要戴头盔;(b)接线错误;(c)带电的裸露电线

安全法则：
（1）安全不离口；
（2）规章不离手；
（3）安不可忘危；
（4）治不可忘乱。

任务三　填写保养单

任务描述

机器人系统正常作业后，应该怎样周期性的保养，如何保养，从哪方面进行保养；保养完毕后，该如何填写保养单。

实施流程

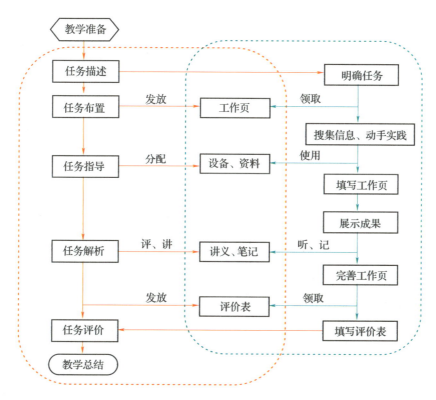

教学准备

1. 资料准备：课件、图片。
2. 工具准备：机器人设备。

工作步骤

填写保养单——工作页 3

班级_____ 姓名_____ 日期_____ 成绩_____

⚠ 注意：在机器人未断电之前，不要进行任何维护行为。

填写 ABB 机器人保养单

检修·维修周期（运转期间、累计时间）							检修·维修项目	检修要领、处置和维修要领
1天 10 h	1周 70 h	1个月 320 h	3个月 960 h	6个月 1 920 h	1年 3 840 h	3年 11 520 h		
							机器人本体	清洁
							机器人本体	安装座紧固
							机器人本体	法兰盘安装紧固
							机器人本体	轴挡块紧固
							机器人本体	线缆和气管
							机器人本体	电动机抱闸
							机器人本体	电动机噪声
							机器人本体	电池更换
							机器人本体	清洁
							机器人控制柜	散热
							示教器	清洁
							示教器	按键功能、触屏功能、屏幕裂纹
							实训平台	清洁
							实训平台	紧固
							气动部分	气源处理
							空压机	排污
							实训平台电气部分	清洁
							实训平台电气部分	紧固
							电气元件	更换

考核评价

填写保养单——考核评价表

班级_____　姓名_____　日期_____　成绩_____

序号	教学环节	参与情况	考核内容	教学评价	
				自我评价	教师评价
1	明确任务	参　与【　】 未参与【　】	领会任务意图		
			掌握任务内容		
			明确任务要求		
2	搜集信息	参　与【　】 未参与【　】	研读学习资料		
			搜集数据信息		
			整理知识要点		
3	填写工作页	参　与【　】 未参与【　】	明确工作步骤		
			完成工作任务		
			填写工作内容		
4	展示成果	参　与【　】 未参与【　】	聆听成果分享		
			参与成果展示		
			提出修改建议		
5	整理笔记	参　与【　】 未参与【　】	聆听任务解析		
			整理解析内容		
			完成学习笔记		
6	完善工作页	参　与【　】 未参与【　】	自查工作任务		
			更正错误信息		
			完善工作内容		
备注	请在教学评价栏目中填写：A、B 或 C　　其中，A—能，B—勉强能，C—不能				
学生心得融入思政要素						
思政观测点评价						

知识链接

一、ABB 机器人维护与保养

1. 机器人本体清洁

（1）根据工业机器人使用的环境进行本体清洁，如果在焊接、打磨及粉尘较多的情况下应做到每日一次清洁，在机器人停止状态下清洁，针对 24 h 工作的机器人应当加装除尘设备，在停机状态下每周进行一次清洁；在一些粉尘较多环境下尽量做到每周清理一次。

（2）机器人运行 1 个月之后，机器人本体安装座应当检查下是否有松动，如松动进行紧固，以后逐月进行检查。

（3）机器人运行 1 个月之后，机器人本体法兰盘座应当检查下是否有松动，如松动进行紧固，以后逐月进行检查。

（4）机器人运行 3 个月之后，机器人本体各轴挡块固定检查下是否有松动，如松动进行紧固，以后每季度进行检查。

（5）机器人本体上的线缆和气管。

机器人本体上的线缆每日检查，是否有松动、老化等现象，如有进行及时紧固和更换；机器人本体上气管每日检查是否漏气，气管折弯等现象，如有进行处理和更换。

（6）电动机报闸检查。

机器人断电静止状态下，每月检查机器人各轴是否有松动现象；在通电状态下利用机器人线性运动，检测坐标值是否准确。

（7）电动机噪声检查。

在电动机低速时耳听电动机转的声音与平时相比是否变大，每月做一次检查。

（8）机器人电池更换。

机器人在实际使用中，所有位置数据断电之后都靠电池存储，如果机器人每年通电时间低于 7 200 h，建议每年应进行一次更换。

2. 机器人控制柜保养

1）机器人控制器清洁

根据工业机器人控制柜摆放的环境进行清洁，如果在焊接、打磨及粉尘较多的情况下应做到每日一次清洁，在机器人停止状态下清洁，针对 24 h 工作的机器人应当加装除尘设备，在断电情况下，每季度进行清洁一次；在一些粉尘较多环境下尽量做到每周清洁一次。

2）检查控制器散热

控制器上的散热器进风口及排风口每周清理一次，防止有塑料或其他异物堵住进风口。

3. 示教器清洁

每次用完示教器应该及时清洁示教器及示教器线缆上的灰尘及一些污渍；示教器上的功能按键每月检查一下，按键功能是否正常；示教器上的触屏功能每月检查一下，触摸屏按键是否灵敏，位置是否发生偏移；示教器上的屏幕每月检查一下，是否有一些裂纹或划伤。

4. 机器人实训平台保养

1）实训平台清洁

每次完成实验应该即时清洁设备，清洁设备内外、工作台面型材逢里脏物，检查各部位是否漏气，设备周围的切屑、杂物、脏物要清扫干净；机器人每次实训完成应恢复初始位置，保持整齐统一。

2）实训平台紧固

实训平台上每个工位模块每月应该进行一次紧固，对一些活动部件进行紧固。

3）气动部分维护

气源处理组件每周应该进行一次检查，出气量是否正常；每年应该进行一次滤芯更换。

4）空压机维护

将储气罐内的污水放尽，每月至少一次，排除污水之前，应将储气罐内空气放光，每工作 10 000 h 更换滤芯。

5. 实训平台电气维护

每周检查柜体外壳接地是否良好，柜体干净整洁；每月检查线路是否有松动；元器件安装是否有松动；对于常用断路器，应当每月进行一次测试，判断是否正常；对常用继电器每 3 年应当进行更换；打磨电动机每 3 年应当进行更换。

二、国产机器人维护与保养

1. 维护计划

每日检查项目如表 1-6 所示。

表 1-6 每日检查项目

序号	检查项目		判定标准
1	操作人员开机器人点检	泄漏检查	检查三联件、气管、接头等元件有无泄漏
2		异响检查	检查各传动机构是否有异常噪声
3		干涉检查	检查各传动机构是否运转平稳，有无异常抖动
4		风冷检查	检查控制柜后风扇是否通风顺畅
5		外围波纹管附件检查	是否完整齐全，有无磨损，有无锈蚀
6		外围电气附件检查	检查机器人外部线路连接是否正常，有无破损，按钮是否正常

季度检查项目如表 1-7 所示。

表 1-7 季度检查项目

序号	检查项目	检查点
1	控制单元电缆	检查示教器电缆是否存在不恰当扭曲、破损
2	控制单元的通风单元	如果通风单元脏了，切断电源，清理通风单元
3	机械本体中的电缆	检查机械本体插座是否损坏、弯曲，是否异常，检查电动机航空插头是否连接可靠
4	清理检查每个部件	清理每一个部件，检查部件是否存在问题
5	拧紧外部螺钉	拧紧末端执行器螺钉以及外部主要螺钉

年度检查项目如表1-8所示。

表1-8 年度检查项目

序号	检查内容	检查点
1	电池	更换机械单元中的电池
2	更换减速器、齿轮箱的润滑脂	按照润滑要求进行更换

2. 日常检修

在每天运转系统时,应就下列项目随时进行检修,如表1-9所示。

表1-9 日常检修

序号	检查项目	判定标准
1	渗油检查	检查是否有油从机器人产品中渗出来。如有,请将其擦拭干净
2	振动、异响检查	检查各传动机构是否有振动及异常噪声。如有,请将其维修
3	定位精度检查	检查是否与上次的示教位置偏离,停止位置是否出现偏差
4	控制柜风冷检查	检查控制柜后侧风扇是否通风顺畅,有无异响
5	外围线缆固定件检查	是否完整齐全,有无磨损,有无锈蚀
6	外围电气附件检查	检查机器人外部线路连接是否正常,有无破损,按钮是否正常
7	警告的检查	确认在示教器警告画面上有无出现警告,如有警告,请参照报警代码列表处理

3. 定期检修、定期维修

以规定的运转周期或运转累计时间为大致间隔标准进行检修和维修,如表1-10所示。执行定期维护步骤,能够保持机器人的最佳性能。

表1-10 定期检修、定期维修

检修、维修周期（运转期间、运转累计时间）						检修、维修项目	检修要领、处置和维修要领
1个月 320 h	3个月 960 h	1年 3 840 h	1.5年 5 760 h	3年 11 520 h	4年 15 360 h		
只有首次						控制装置通气口的清洁	控制装置的通气口上黏附大量灰尘时,应将其清除掉
						外伤,油漆脱落的确认请确认	机器人是否有由于跟外围设备发生干涉而产生的外伤或者油漆脱落。如果有发生干涉的情况,要排除原因。另外,如果由于干涉产生的损坏比较大以至于影响使用的时候,需要对相应部件进行更换

续表

检修、维修周期（运转期间、运转累计时间）						检修、维修项目	检修要领、处置和维修要领
1个月 320 h	3个月 960 h	1年 3 840 h	1.5年 5 760 h	3年 11 520 h	4年 15 360 h		
						电缆保护套损坏的确认	请确认机构内部电缆的保护套是否有孔或者撕破等的损坏。有损坏的时候，需要对电缆保护套进行更换。如果是与外围设备等的接触导致电缆保护套的损坏的情况，要排除原因
						沾水的确认	请检查机器人上是否溅上水或者切削油液体。溅上水或者切削油的时候，要排除原因，擦掉液体
	只有首次					示教器、操作箱连接电缆、机器人连接电缆有无损坏的确认	请检查示教器、操作箱连接电缆、机器人连接电缆是否过度扭曲，有无损伤。有损坏的时候，对该电缆进行更换
	只有首次					机器人内电缆（可动部分）的损坏确认	请观察机器人电缆的可动部分，检查电缆的包覆有无损伤，是否发生局部弯曲或扭曲
	只有首次					末端执行器（机械手）电缆的损坏确认	请检查末端执行器电缆是否过度扭曲，有无损伤。有损坏的时候，对该电缆进行更换
	只有首次					各轴电动机的连接器，其他的外露连接器的松动确认	请检查各轴电动机的连接器和其他的外露的连接器是否松动
	只有首次					末端执行器安装螺栓的紧固	请拧紧末端执行器安装螺栓
	只有首次					外部主要螺栓的紧固	请紧固机器人安装螺栓、检修等松脱的螺栓和露出在机器人外部的螺栓。螺栓上涂敷有防松接合剂。在用大于建议拧紧力矩的力矩紧固时，恐会导致防松接合剂剥落，所以务必使用建议拧紧力矩加以紧固

续表

检修、维修周期（运转期间、运转累计时间）						检修、维修项目	检修要领、处置和维修要领
1个月 320 h	3个月 960 h	1年 3 840 h	1.5年 5 760 h	3年 11 520 h	4年 15 360 h		
	只有首次					机械式制动器的确认	请确认机械式制动器是否有外伤、变形等碰撞的痕迹，制动器固定螺栓是否有松动
	只有首次					飞溅、切削屑、灰尘等的清洁	请检查机器人本体是否有飞溅、切削屑、灰尘等的附着或者堆积。有堆积物的时候清洁。机器人的可动部分（各关节、平衡缸杆、平衡缸前/后支持部、电缆保护套）特别注意清洁
	只有首次					冷却风扇的动作确认	（把冷却风扇安装到各轴电动机上的时候）请确认冷却风扇是否正常工作。冷却风扇不动作的时候进行更换
			机器人本体电池的更换				请对机器人本体电池进行更换
				各轴减速机的润滑油更换			请对各轴减速机的润滑油进行更换
					机器人内部电缆的更换		请对机器人内部电缆进行更换。关于更换方法，请向公司咨询

🛠 项目拓展

工业机器人被广泛地应用于制造业等诸多行业，它可以代替人们在具有危险性的场所从事繁重的工作。工业机器人在将人们从繁重的危险性劳动中解放出来的同时，也存在产生危险的因素。人要对工业机器人进行安装、编程、维修，有时还需要靠近工业机器人进行操作，当人靠近工业机器人时就可能出现安全问题，因工业机器人故障所造成的人身伤害事故时有发生。

案例：2019年6月6日发生在云南某冶炼厂的机械臂伤人致死事故。事故简要经过：2019年6月6日凌晨5时29分，某冶炼厂锌锭码垛作业线机械臂主操手（小组长）金某在自动码锭机组未停机情况下，从未关闭的隔离栏安全门进入自动码锭机作业区域，在机械臂作业半径内进行场地卫生清扫。5时30分，金某行走至码锭机取锭位置与机械臂区间，此时顶锭装置接收到水冷链条传输过来的锌锭，信号传输至机械臂，机械臂自动旋转取锭，瞬间将金某推倒在顶锭装置上，锌锭抓取夹具挤压在金某左部胸腔。锌锭打包工张某立即启动急停开关，并呼叫附近人员一起实施救援，副厂长王某听到呼救声，立即赶到现场参与救援。

王某、张某等人手动控制将顶锭装置降落复位，并将金某身下压覆的锌锭取出，增大活动空间，但仍无法将其救出。之后使用撬棍抬升机械臂等方式，也未能将金某救出。金某的班长杨某赶到现场后，组织人员拆卸机械臂地脚螺栓，用电动单梁吊吊起机械臂，于5时48分将金某救出，6时05分120救护人员赶到现场实施抢救，后送往某县第二人民医院（某镇卫生院）医治，最终，金某经抢救无效死亡。事故原因：金某违反该公司《机械臂安全环保技术操作规范》中"严禁在机械臂作业时进入作业区域空间"，以及"机械臂断电后，操作人员方可进入作业半径内"的规定，违章进入自动码锭机机械臂作业半径区域进行清扫作业。

培养学生的安全心态：
1. 树立安全生产的信心。
2. 破除因循守旧心态，虚心学习勤于思考，提高自己的安全劳动技能。
3. 注意各薄弱环节的心态调整。
4. 既能严格自律，又能虚心接受他人的批评与指导。

总结：
无论是何种原因，工业机器人的安全问题不容小觑，任何一种自动化设备，安全都是首要因素。为了机器人和人类的和谐共处、分工协作，要培养学生应对安全事故的良好心态。

思考与练习

一、判断题

1. 进行工业机器人示教编程时可以不戴安全帽。（   ）
2. 工业机器人可通过设置运行安全区域避免对其他设备造成损伤。（   ）
3. 示教器屏幕要经常用酒精擦拭。（   ）
4. 长时间不用的设备要放在干燥的地方，并定期清理设备上的灰尘，再次使用时要查一遍线路，确保无误后再通电使用。（   ）
5. 机器人运动中，有人意外进入，则应按下暂停开关。（   ）

二、选择题

1. 对机器人进行示教时，作业示教人员必须事先接受过专门的培训才行，与示教作业人员一起进行作业的监护人员，处在机器人可动范围外时，（   ）可进行共同作业。
A. 不需要事先接受过专门的培训　　B. 必须事先接受过专门的培训
C. 没有事先接受过专门的培训也可以　　D. 其他均不正确

2. 工业机器人最显著的特点有（   ）。
A. 成人化　　　　　　　　　　　B. 通过性
C. 独立性　　　　　　　　　　　D. 智能性

3. 现场操作机器人时，下列做法正确的是（　　）。

A. 操作机器人前，应戴好安全帽

B. 示教器使用完后随意摆放

C. 在机器人运动时，进入机器人工作空间

D. 随意更改机器人参数

三、案例分析

1. 事故经过：

德国大众汽车制造厂发生一起机器人杀人事件，此员工当时正在调试机器人，后者突然出手撞击工人胸部，致其当场死亡，年仅21岁。

事故原因：

防范措施：

事故经过：2019年6月6日，云南某冶炼厂锌锭码垛作业线机械臂主操手（小组长）金某在自动码锭机组未停机情况下，从未关闭的隔离栏安全门进入自动码锭机作业区域，在机械臂作业半径内进行场地卫生清扫，被锌锭抓取夹具挤压在左部胸腔，后抢救无效死亡。

事故原因：

安全心态：

项目二

工业机器人硬件维护与保养

教学目标

- 识读控制柜硬件；
- 识读机器人本体；
- 识读示教器；
- 连接工业机器人硬件；
- 训练科学思维方法。

任务一　识读控制柜硬件

任务描述

工业机器人控制柜是工业机器人系统组成的一部分，控制柜主要用于控制机器人本体的运动轨迹，控制柜相当于机器人的大脑，所有的动作指令都由控制器发出。学生通过学习了解工业机器人控制柜的种类及功能，掌握控制柜上接口的定义及一些常用按钮功能。

实施流程

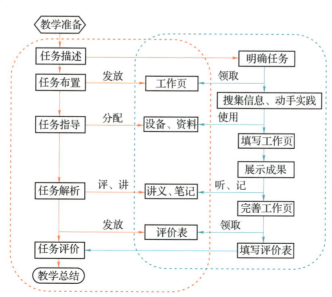

工业机器人维护与保养

教学准备

1. 资料准备：机器人用户操作手册、课件、图片、视频。

2. 工具准备：机器人本体、工作站及外部设备。工业机器人维护与保养项目二工业机器人硬件维护与保养

工作步骤

识读控制柜硬件——工作页 4

班级_____ 姓名_____ 日期_____ 成绩_____

描述图中控制柜前面板接口定义。

标识号	名称定义
A	
B	
C	
D	
E	
F	
G	
H	
I	

考核评价

识读控制柜硬件——考核评价表

班级_____ 姓名_____ 日期_____ 成绩_____

序号	教学环节	参与情况	考核内容	教学评价	
				自我评价	教师评价
1	明确任务	参　与【　】 未参与【　】	领会任务意图		
			掌握任务内容		
			明确任务要求		
2	搜集信息	参　与【　】 未参与【　】	研读学习资料		
			搜集数据信息		
			整理知识要点		
3	填写工作页	参　与【　】 未参与【　】	明确工作步骤		
			完成工作任务		
			填写工作内容		
4	展示成果	参　与【　】 未参与【　】	聆听成果分享		
			参与成果展示		
			提出修改建议		
5	整理笔记	参　与【　】 未参与【　】	聆听任务解析		
			整理解析内容		
			完成学习笔记		
6	完善工作页	参　与【　】 未参与【　】	自查工作任务		
			更正错误信息		
			完善工作内容		
备注	请在教学评价栏目中填写：A、B或C　其中，A—能，B—勉强能，C—不能				
学生心得融入思政要素					
思政观测点评价					

知识链接

一、识读机器人控制柜线路

工业机器人硬件连接图如图 2-1 所示。工业机器人硬件接口定义如表 2-1 所示。

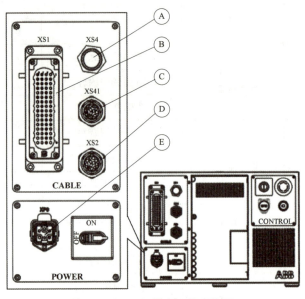

图 2-1　工业机器人硬件连接图

表 2-1　工业机器人硬件接口定义

	描　述
A	XS.4 FlexPendant 连接
B	XS.1 机器人供电连接
C	XS.41 附加轴 SMB 连接
D	XS.2 机器人 SMB 连接
E	XP.0 主电路连接

连接计算机接口如图 2-2 所示。

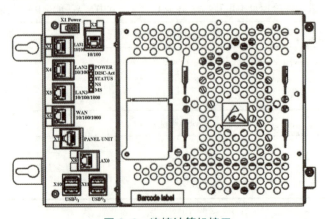

图 2-2　连接计算机接口

连接计算机接口定义如表 2-2 所示。

表 2-2　连接计算机接口定义

接　口	描　述
X1	电源
X2（黄）	Service（PC 连接）
X3（绿）	LAN1（基于 FlexPendant）
X4	LAN2（基于以太网选件）
X5	LAN3（基于以太网选件）
X6	WAN（连入工厂 WAN）
X7（蓝）	面板
X9（红）	轴计算机
X10、X11	USB 端口（4 端口）

计算机接口实物连接如图 2-3 所示。

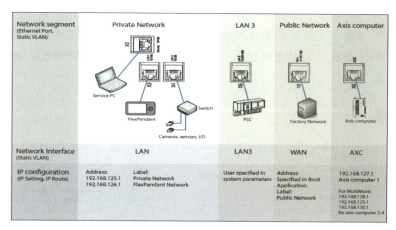

图 2-3　计算机接口实物连接

二、识读机器人控制柜按钮功能

机器人控制柜按钮分布图如图 2-4 所示，机器人控制柜按钮定义如表 2-3 所示。

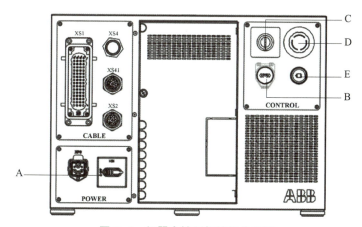

图 2-4　机器人控制柜按钮分布图

表2-3 机器人控制柜按钮定义

按 钮	描 述
A	主电源开关
B	用于 IRB120 的制动闸释放按钮（位于盖子下）。由于机器人带有一个制动闸释放按钮，因此与其他机器人配套使用的 IRC5Compact 无制动闸释放按钮，只有一个堵塞器
C	模式开关
D	紧急停止
E	电动机开启

任务二　识读机器人本体

任务描述

工业机器人本体是工业机器人系统组成的一部分，机器人本体主要通过伺服电动机驱动控制机器人本体的运动轨迹，学生通过学习工业机器人本体的定义及参数，掌握本体上接口的定义。

实施流程

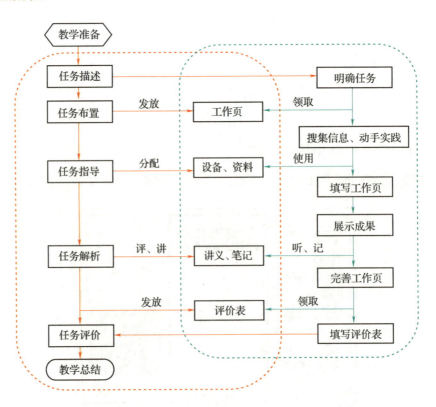

教学准备

1. 资料准备：ABB 机器人用户操作手册、课件、图片、视频。
2. 工具准备：ABB 机器人本体、工作站及外部设备。

工作步骤

识读机器人本体——工作页 5

班级_____　姓名_____　日期_____　成绩_____

一、标出图中机器人本体上的接口定义

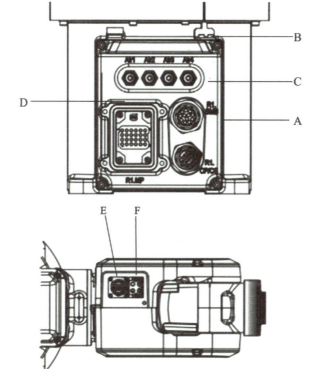

标识号	名称定义
A	
B	
C	
D	
E	
F	

二、描述 IRB120 机器人本体的规格参数

考核评价

识读机器人本体——考核评价表

班级_____ 姓名_____ 日期_____ 成绩_____

序号	教学环节	参与情况	考核内容	教学评价	
				自我评价	教师评价
1	明确任务	参　与【　】 未参与【　】	领会任务意图		
			掌握任务内容		
			明确任务要求		
2	搜集信息	参　与【　】 未参与【　】	研读学习资料		
			搜集数据信息		
			整理知识要点		
3	填写工作页	参　与【　】 未参与【　】	明确工作步骤		
			完成工作任务		
			填写工作内容		
4	展示成果	参　与【　】 未参与【　】	聆听成果分享		
			参与成果展示		
			提出修改建议		
5	整理笔记	参　与【　】 未参与【　】	聆听任务解析		
			整理解析内容		
			完成学习笔记		
6	完善工作页	参　与【　】 未参与【　】	自查工作任务		
			更正错误信息		
			完善工作内容		
备注	请在教学评价栏目中填写：A、B 或 C　　其中，A—能，B—勉强能，C—不能				
学生心得融入思政要素					
思政观测点评价					

知识链接

一、IRB120 机器人本体

ABB 迄今最小的多用途机器人 IRB120 仅重 25 kg，荷重 3 kg（垂直腕为 4 kg），工作范围 580 mm，是具有低投资、高产出优势的经济可靠之选。IRB120 机器人本体安装图如图 2-5 所示。

IRB120 机器人参数定义如表 2-4 所示。

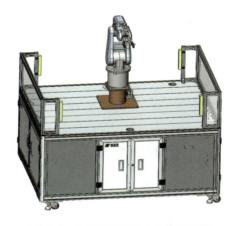

图 2-5　IRB120 机器人本体安装图

表 2-4　IRB120 机器人参数定义

规格	型号 IRB 120-3/0.6	工作范围 580 mm	有效荷重 3 kg	手臂荷重 4 kg
特性	集成信号源手腕设 10 路信号； 集成气源手腕设 4 路空气（5 bar 巴，1 bar=100 kPa。）； 重复定位精度 0.01 mm； 机器人安装任意角度； 防护等级 IP30； 控制器 IRC5 紧凑型/IRC5 单柜或面板嵌入式			
运动	轴运动工作范围和最大速度 轴 1 旋转 +165°~-165°，250°/s； 轴 2 手臂 +110°~-110°，250°/s； 轴 3 手臂 +70°~-90°，250°/s； 轴 4 手腕 +160°~-160°，320°/s； 轴 5 弯曲 +120°~-120°，320°/s； 轴 6 翻转 +400°~-400°，420°/s			
性能	1 kg 拾料节拍（X*Y*Z-T） 25 mm × 300 mm × 25 mm，0.58 s TCP 最大速度 6.2 m/s TCP 最大加速度 28 m/s^2 加速时间 0~1 m/s，0.07 s			
电气连接	电源电压 200~600 V，50/60 Hz 额定功率 变压器额定功率 3.0 kV·A 功耗 0.25 kW			
物理特性	机器人底座尺寸 180 mm × 180 mm 机器人高度 700 mm 质量 25 kg			

工作范围：IRB120机器人工作范围左视图如图2-6所示，工作范围俯视图如图2-7所示。

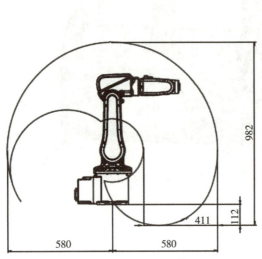

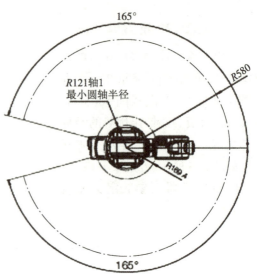

图2-6　IRB120机器人工作范围左视图　　　　图2-7　IRB120机器人工作范围俯视图

二、IRB120机器人本体连接器

底座线路连接，包括预定的机器人出厂自带的控制柜出来的两根线，以及客户自定义的气路和信号线。IRB120机器人本体接口如图2-8所示。

IRB120机器人本体与控制柜对接接口如表2-5所示。

表2-5　IRB120机器人本体与控制柜对接接口

电缆子类别	描　　述	连接点，机柜	连接点，机器人
机器人电缆，电源	将驱动电力从控制柜中的驱动装置传送到机器人电动机	XS1	R1.MP
机器人电缆，信号	将编码器数据从电源传输到编码器接口板	XS2	R1.SMB

IRB120机器人本体用户连接接口定义如表2-6所示。

表2-6　IRB120机器人本体用户连接接口定义

位置	连接	描述	编号	值
A	R1.CP/CS	客户电力/信号	10	49 V，500 mA
B	空气	最大5 bar	4	内壳直径4 mm

上臂壳线路连接：IRB120机器人本体上臂接线接口如图2-9所示。IRB120机器人本体上臂连接接口定义如表2-7所示。

表2-7　IRB120机器人本体上臂连接接口定义

位置	连接	描述	编号	值
A	R1.CP/CS	客户电力/信号	10	49 V，500 mA
B	空气	最大5 bar	4	内壳直径4 mm

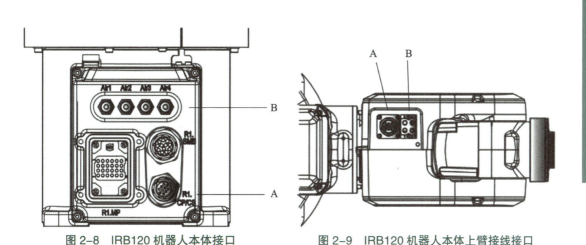

图 2-8　IRB120 机器人本体接口　　　　图 2-9　IRB120 机器人本体上臂接线接口

任务三　识读示教器

任务描述

对机器人系统而言，示教器是不可或缺的组成部分，在正常作业过程中对整个系统进行监控及配置、操作、编程、调试等起到关键性的作用，全面地了解示教器各个按钮及部件的组成。

实施流程

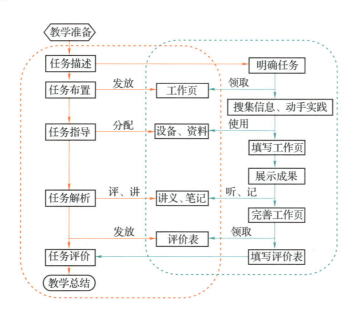

教学准备

1. 资料准备：ABB 机器人用户操作手册、课件、图片、视频。
2. 工具准备：ABB 机器人本体及示教器。

工作步骤

识读示教器——工作页 6

班级_____ 姓名_____ 日期_____ 成绩_____

一、识读下图所示教器部件的名称和作用

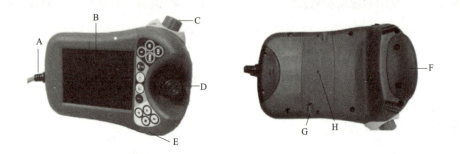

标识号	名称和作用
A	
B	
C	
D	
E	
F	
G	
H	

二、描述示教器按键的名称定义

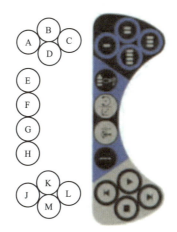

标识号	名称定义
A~D	
E	
F	
G	
H	
J	
K	
L	
M	

考核评价

了解安全概要——考核评价表

班级_____ 姓名_____ 日期_____ 成绩_____

序号	教学环节	参与情况	考核内容	教学评价	
				自我评价	教师评价
1	明确任务	参　与【　】 未参与【　】	领会任务意图		
			掌握任务内容		
			明确任务要求		
2	搜集信息	参　与【　】 未参与【　】	研读学习资料		
			搜集数据信息		
			整理知识要点		
3	填写工作页	参　与【　】 未参与【　】	明确工作步骤		
			完成工作任务		
			填写工作内容		
4	展示成果	参　与【　】 未参与【　】	聆听成果分享		
			参与成果展示		
			提出修改建议		
5	整理笔记	参　与【　】 未参与【　】	聆听任务解析		
			整理解析内容		
			完成学习笔记		
6	完善工作页	参　与【　】 未参与【　】	自查工作任务		
			更正错误信息		
			完善工作内容		
备注	请在教学评价栏目中填写：A、B或C　　其中，A—能，B—勉强能，C—不能				
学生心得融入思政要素						
思政观测点评价						

知识链接

一、识读机器人示教器组成元素

机器人示教器如图 2-10 所示。机器人示教器部件定义如表 2-8 所示。

表 2-8　机器人示教器部件定义

编　号	定　　义
A	连接线
B	触摸屏
C	紧急停止按钮
D	控制杆
E	USB 端口
F	使能装置
G	触摸笔
H	重置按钮

机器人示教器按钮如图 2-11 所示。

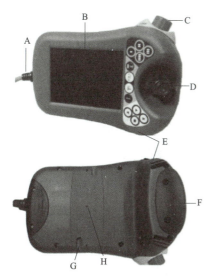

图 2-10　机器人示教器

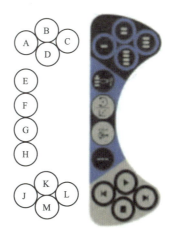

图 2-11　机器人示教器按钮

机器人示教器按钮定义如表 2-9 所示。

表 2-9　机器人示教器按钮定义

编　号	定　　义
A~D	预设按键，1~4。有关如何定义其各项功能的详细信息
E	选择机械单元
F	切换运动模式，重定位或线性

续表

编　号	定　义
G	切换运动模式，轴 1~3 或轴 4~6
H	切换增量
J	Step BACKWARD（步退）按钮。按下此按钮，可使程序后退至上一条指令
K	START（启动）按钮，开始执行程序
L	Step FORWARD（步进）按钮。按下此按钮，可使程序前进至下一条指令
M	STOP（停止）按钮，停止程序执行

二、识读机器人示教器界面元素内容

1. 初始界面

机器人示教器初始界面如图 2-12 所示。机器人示教器初始界面分布定义如表 2-10 所示。

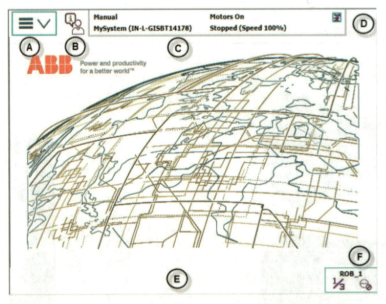

图 2-12　机器人示教器初始界面

表 2-10　机器人示教器初始界面分布定义

编　号	描　述
A	ABB 菜单
B	操作员窗口
C	状态栏
D	关闭按钮
E	任务栏
F	快速设置菜单

2. 主菜单窗口

机器人示教器主菜单如图 2-13 所示。

图 2-13　机器人示教器主菜单

3. HotEdit 视图显示

机器人示教器 HotEdit 视图如图 2-14 所示。

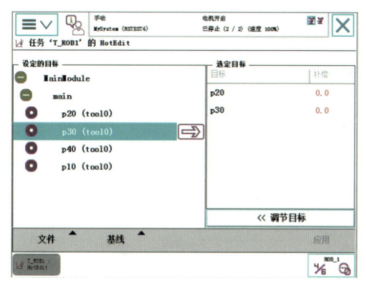

图 2-14　机器人示教器 HotEdit 视图

4. FlexPendant 资源管理器

机器人示教器 FlexPendant 资源管理器如图 2-15 所示。机器人示教器 FlexPendant 资源管理器分布定义如表 2-11 所示。

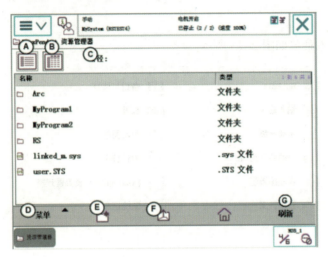

图 2-15 机器人示教器 FlexPendant 资源管理器

表 2-11 机器人示教器 FlexPendant 资源管理器分布定义

编 号	定 义
A	简单视图，单击后可在文件窗口中隐藏文件类型
B	详细视图，单击可在文件窗口中显示文件类型
C	路径，显示文件夹路径
D	菜单，单击显示文件处理的功能
E	新建文件夹，单击可在当前文件夹中创建新文件夹
F	向上一级，单击进入上一级文件夹
G	Refresh（刷新），单击以刷新文件和文件夹

5. 输入输出

这里主要用来监控配置 I/O 信号的状态（具体信号配置参看项目三的 I/O 配置）。机器人示教器信号输入输出如图 2-16 所示。

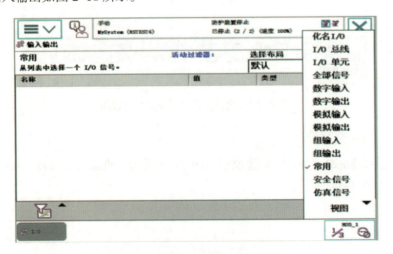

图 2-16 机器人示教器信号输入输出

6. 手动操纵

机器人示教器手动操作如图 2-17 所示。

图 2-17 机器人示教器手动操作

这里主要用来新建工具工件坐标系，切换坐标系，更改运动模式和增量模式。

机器人示教器手动操纵界面功能定义如表 2-12 所示。

表 2-12 机器人示教器手动操纵界面功能定义

属性 / 按钮	功　能
Mechanical unit （机械单元）	选择手动控制的机械单元
Absolute Accuracy （绝对精度）	Absolute accuracy：Off（绝对精度：关闭），关闭为默认值。如果机器人配备了 Absolute Accuracy 选件，则会显示 Absolute Accuracy：On（绝对精度：开启）
Motion mode （动作模式）	选择动作模式
Coordinate system （坐标系）	选择坐标系
Tool （工具）	选择工具
Work object （工件坐标）	选择工件
Payload （有效载荷）	选择有效载荷
Joystick lock （控制杆锁定）	选择控制杆方向锁定

续表

属性/按钮	功　能
Increment（增量）	选择运动增量
Position（位置）	参照选定的坐标系显示每个轴位置；如果以红色显示位置值，必须更新转数计数器
Position format（位置格式）	选择位置格式
Joystick directions（控制杆方向）	显示当前控制杆方向，取决于动作模式的设置
Align（对准）	将当前工具对准坐标系
Go to（转到）	将机器人移至选定位置/目标
Activate（启动）	启动机械单元

7. 程序数据

机器人示教器数据类型如图 2-18 所示。

图 2-18　机器人示教器数据类型

示教器程序数据界面主要用来查看数据值或者新建变量，查看变量的值。

8. 程序编辑器

机器人示教器程序编辑器如图 2-19 所示。

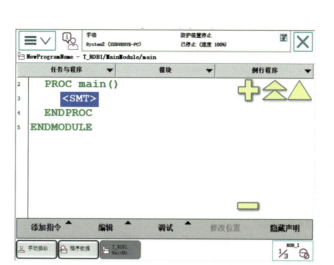

图 2-19 机器人示教器程序编辑器

这里主要是进行程序编写，点位的示教。机器人示教器程序编辑器按钮功能定义如表 2-13 所示。

表 2-13 机器人示教器程序编辑器按钮功能定义

任务与程序	程序操作菜单
模块	列出所有模块
例行程序	列出所有例行程序
添加指令	打开指令菜单
编辑	打开编辑菜单
调试	移动程序指针功能、服务例行程序等
修改位置	示教位置
隐藏申明	隐藏声明使程序代码更容易阅读

9. 备份与恢复

机器人示教器备份与恢复如图 2-20 所示。

图 2-20 机器人示教器备份与恢复

这主要用于备份当前机器人系统或者恢复备份文件，备份里面包括了我们书写的程序、建立的 I/O 点、配置的通信单元等。

10. 校准

机器人示教器校准如图 2-21 和图 2-22 所示。

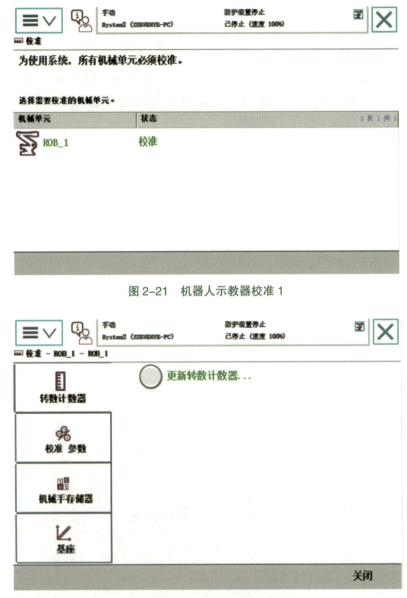

图 2-21　机器人示教器校准 1

图 2-22　机器人示教器校准 2

这些菜单主要用于校准零点位置。

11. 事件日志

机器人示教器事件日志如图 2-23 所示。机器人示教器时间消息如图 2-24 所示。

图 2-23 机器人示教器事件日志

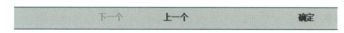

图 2-24 机器人示教器时间消息

这里主要显示机器人的状态信息和报警信息。

12. 系统信息

机器人示教器系统信息如图 2-25 所示。

图 2-25 机器人示教器系统信息

这里主要显示控制器的状态信息（包括轴的参数以及机器人功能选项的信息）。

13. 重新启动

机器人示教器重新启动如图 2-26 所示。机器人示教器重新启动选择如图 2-27 所示。

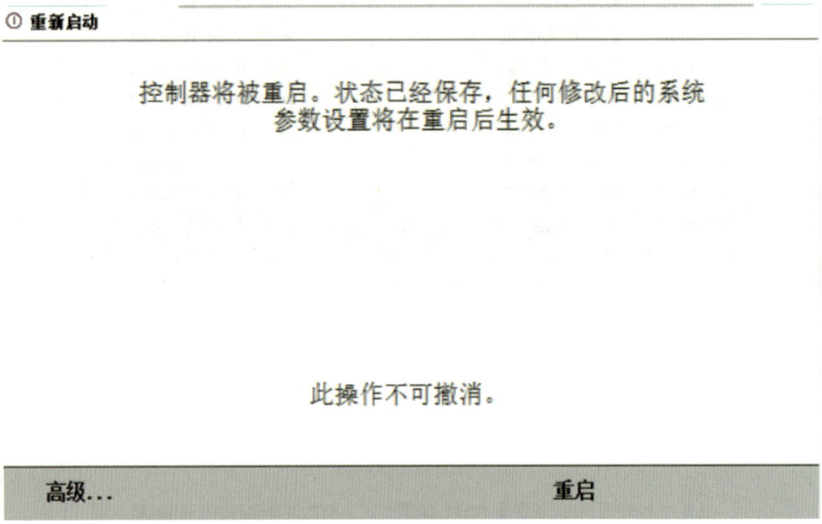

图 2-26　机器人示教器重新启动

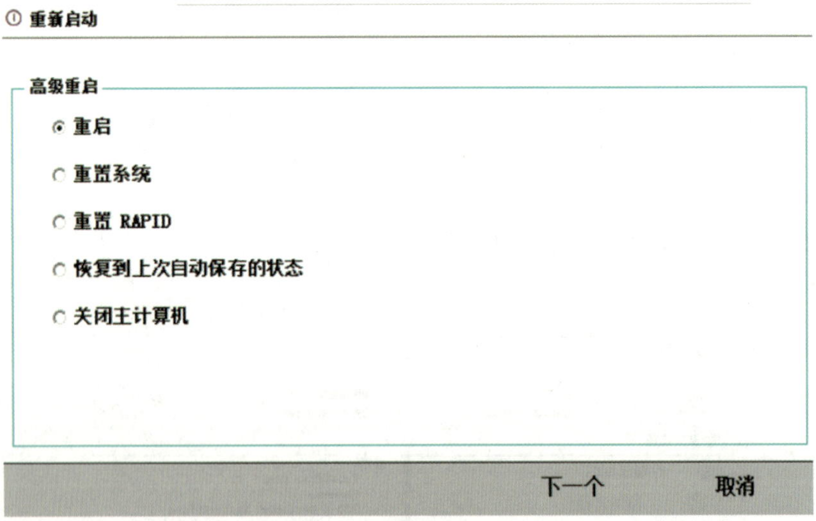

图 2-27　机器人示教器重新启动选择

这里主要用到的是重启按钮以及重置系统。

重启：配置系统参数时，需要重新启动时用到。

重置系统：用于出现机器人问题时，恢复到出厂设置，检查是否软件系统问题。

14. 控制面板

机器人示教器控制面板如图 2-28 所示。机器人示教器控制面板功能定义如表 2-14 所示。

图 2-28 机器人示教器控制面板

表 2-14 机器人示教器控制面板功能定义

外　观	自定义显示器亮度的设置
监控	动作监控设置和执行设置
FlexPendant	操作模式切换和用户授权系统（UAS）视图配置
I/O	配置常用 I/O 列表的设置
*语言	机器人控制器当前语言的设置
*ProgKeys	FlexPendant 四个可编程按键的设置
*配置	系统参数配置的设置
触摸屏	触摸屏重新校准设置
日期和时间	机器人控制器的日期和时间设置

表中＊号为常用的配置按钮功能。

15. 状态栏

机器人示教器状态栏如图 2-29 所示。机器人示教器状态栏分布定义如表 2-15 所示。

图 2-29 机器人示教器状态栏

表 2-15 机器人示教器状态栏分布定义

编　号	描　述
A	操作员窗口
B	操作模式
C	系统名称（和控制器名称）
D	控制器状态
E	程序状态
F	机械单元，选定单元（以及与选定单元协调的任何单元）以边框标记。活动单元显示为彩色，而未启动单元则呈灰色

16. 快速设置菜单

机器人示教器快速设置菜单如图 2-30 所示。机器人示教器快速设置菜单分布定义如表 2-16 所示。

图 2-30　机器人示教器快速设置菜单

表 2-16　机器人示教器快速设置菜单分布定义

编　号	描　述
A	机械单元
B	增量
C	运行模式
D	单步模式
E	速度
F	任务

任务四 连接工业机器人硬件

任务描述

正确连接机器人系统是为了让其正常地作业,认识机器人控制器接口和本体接口,并正确规范地连接起来。

实施流程

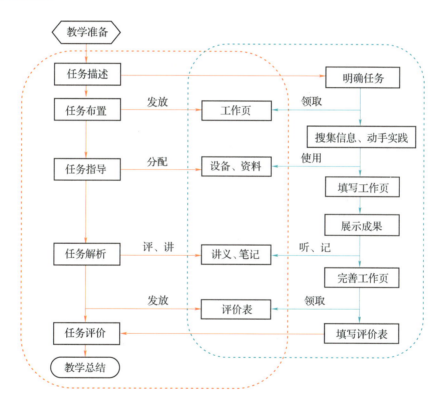

教学准备

1. 具有娴熟的动手能力。
2. 标准工具包一个。
3. 具有识别机器人本体和控制器各个接口的能力。

工作步骤

连接工业机器人——工作页 7

班级_____ 姓名_____ 日期_____ 成绩_____

正确连接机器人控制器、示教器、机器人本体、电源线。

控制器	机器人本体	示教器	插座
A	E		
B		G	
C	F		
D			H

考核评价

连接工业机器人——考核评价表

班级_____ 姓名_____ 日期_____ 成绩_____

序号	教学环节	参与情况	考核内容	教学评价 自我评价	教学评价 教师评价
1	明确任务	参 与【 】 未参与【 】	领会任务意图		
			掌握任务内容		
			明确任务要求		
2	搜集信息	参 与【 】 未参与【 】	研读学习资料		
			搜集数据信息		
			整理知识要点		
3	填写工作页	参 与【 】 未参与【 】	明确工作步骤		
			完成工作任务		
			填写工作内容		
4	展示成果	参 与【 】 未参与【 】	聆听成果分享		
			参与成果展示		
			提出修改建议		

续表

序号	教学环节	参与情况	考核内容	教学评价	
				自我评价	教师评价
5	整理笔记	参　与【　】 未参与【　】	聆听任务解析		
			整理解析内容		
			完成学习笔记		
6	完善工作页	参　与【　】 未参与【　】	自查工作任务		
			更正错误信息		
			完善工作内容		
备注	请在教学评价栏目中填写：A、B 或 C　　其中，A—能，B—勉强能，C—不能					
学生心得融入思政要素					
思政观测点评价					

知识链接

机器人控制器和本体的接口定义请参考项目二中的任务一和任务二的知识。

1. 控制器电源线插头（AC 220 V）

机器人控制柜电源插头组件定义如表 2-17 所示。

表 2-17　机器人控制柜电源插头组件定义

序　号	图　示	描　述
1	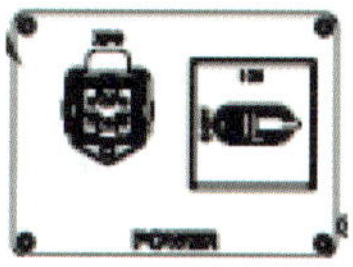	电源进线插头（公）
2	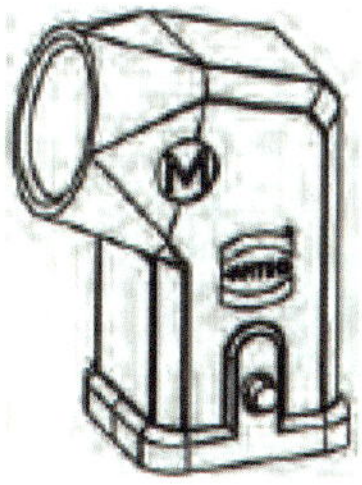	护套

续表

序号	图示	描述
3		电缆密封套
4		对于单相： X0.1 火线 X0.2 零线 X0.PE 地线

2. 控制器电源线连接步骤

机器人控制柜电源安装步骤如下所示。

步骤1：将组装好的电源接头按照图示方向对准控制器接口；	步骤2：将接头插入机器人控制柜的电源口；

步骤3：插紧，扣上固定口；	步骤4：听见咔嚓的声音说明已扣紧；

步骤5：机器人控制柜电源线安装完成。

3. 动力线的安装步骤

机器人控制柜动力线安装步骤如下所示。

步骤1：将控制器端接头按照图示方向对准控制器接口；	步骤2：插紧动力线；注意动力线的针脚不要有弯曲；

步骤3：分别扣好上固定扣和下固定扣；	步骤4：将本体端接头按照图示方向对准本体接口；
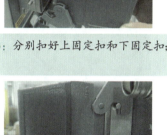	
步骤5：插紧动力线；注意动力线的针脚不要有弯曲；	步骤6：使用一字螺丝刀分别拧紧4个固定螺钉。

4. SMB 电缆安装步骤

机器人控制柜 SMB 电缆安装步骤如下所示。

步骤1：将控制器端接头按照图示方向对准控制器接口；	步骤2：将凹槽对准接口插紧；注意 SMB 电缆的针脚不要有弯曲；

步骤3：旋紧SMB电缆； 	步骤4：听见咔嚓的声音说明已旋紧； 
步骤5：将本体端接头按照图示方向对准本体端接口； 	步骤6：旋紧SMB电缆，注意SMB电缆接头针脚不要有弯曲，听见咔嚓的声音说明已旋紧。 

5. 示教器线的安装步骤

机器人控制柜示教器线安装步骤如下所示。

步骤1：将控制器端接头按照图示方向对准控制器接口（注意指示箭头必须朝上）； 	步骤2：旋紧。 

6. 控制器控制柜和本体端的整体连接

机器人控制柜和本体端的整体连接如下所示。

步骤1：对准插口； 	步骤2：旋紧。 

7. 气管的安装步骤

机器人本体气管安装步骤如下所示。

步骤1：先安装气管接头，再将气管插入对应的接头；	步骤2：拔气管时，先用手按住气管接头的白色组件，然后向外拉气管。

8. 整体连接

机器人整体连接如图 2-31 所示。

图 2-31 机器人整体连接

项目拓展

圣诞节这天，爸爸从外地赶回来，给小莱特兄弟带回一份圣诞礼物。兄弟俩迫不及待地把礼盒打开，看到一个怪怪的玩具。他们拿在手上摆弄着，不知道怎么玩。这时爸爸过来给他们做展示，他把上面的橡皮筋扭紧，一松手，只见前面像风车一样的东西转了起来，接着那个玩具就飞到了空中。

"啊，真是太有趣了，它能像鸟一样在空中飞！"从那以后，莱特兄弟就对飞行产生了兴趣，并且一直在想：如果人能飞上天就好了！长大后，他们开了一家自行车商店，一边经营自行车一边研究飞行的事。几年下来，他们掌握了大量的有关航空方面的知识。然后就开始动手制作他们的飞机了。

他们先是伏在山坳里观察老鹰是怎么飞的，然后把它一步一步画下来。按照老鹰飞翔的样子，兄弟俩在 1900 年 10 月，终于制成了他们的第一架飞机。他们在飞机上系上一根绳子，然后带着这架飞机来到野外没有树木没有房屋的空地上，像放风筝那样放飞飞机。他们的飞机真的飞起来了，虽然只有一米多高，但是莱特兄弟很受鼓舞。接下来，莱特兄弟对飞机进行多次改进，慢慢地，他们的飞机能飞到离地100多米的高空中了。但是这种飞机有个缺点，就是只能在有风的时候才能起飞。而且它在空中飞行时，只能像老鹰那样滑翔，所以人们给这种飞机起了个名字叫滑翔机。

有一天，一辆汽车停在他们的自行车店前。司机说车的发动机坏了，向他们借用工具。看到汽车上的发动机，莱特兄弟突然有了灵感：如果把发动机安装在滑翔机上，是不是就不怕没有风了呢？滑翔机最多承受90千克的重量，发动机有190千克。莱特兄弟又想出了一个好办法。他们找人帮忙，订做了一个只有70千克的轻型发动机，并将其安装在飞机上，然后在飞机前又安装了一个像风车一样的螺旋桨。因为只有发动机带动螺旋桨转动，飞机才能飞起来。他们带着这架飞机到海边试飞，可是，不是发动机有问题，就是螺旋桨有问题，要不就是驾驶技术有问题。一直都不能成功。

三年过去了，飞机的事一点进展也没有。这天，莱特兄弟忽然在报纸上看到一条消息，说有个叫兰莱的发明家，也发明了一架飞机，在试飞的时候坠入大海了。莱特兄弟立刻去进行调查，并仔细研究兰莱飞机的部件，从中获得了很多宝贵的经验。他们又开始了自己新的试验，这次他们在地面上安置两根固定的木头轨道，把飞机放在上面，弟弟维尔伯坐上去，发动飞机。飞机在轨道上滑行后，嗖地一下升上天空了。

"啊，终于飞上天了，终于成功啦！"哥哥奥维尔对着天空挥手，大叫。话音还没落，飞机突然坠落下来。"到底什么原因呢？"兄弟俩又开始思考起来。他们试着把轨道从斜坡上拿下来，放在平地上，再次试飞。这次飞机一下子飞到三米多高，而且能水平向前飞。飞机飞行了30米左右后，稳稳地落到地上。莱特兄弟别提有多高兴了。

"我们成功了！我们成功了！"他们抱在一起，喜极而泣。莱特兄弟从收到爸爸的"怪"礼物到研制飞机成功总共用了26年，失败了无数次，试飞的时候，莱特兄弟也多次摔伤。成功的背后，是莱特兄弟付出无数的心血。

当时，连他们自己也没有想到，人类的千年梦幻，将会在他们手中变为现实。

思考与练习

1. 标出图2-32中控制器主面板各部件名称。

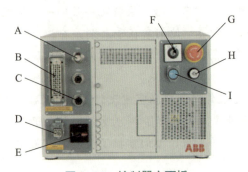

图2-32 控制器主面板

2. 标出机器人本体上接口名称,如图 2-33 所示。
3. 通过案例学习,你的感悟是什么?

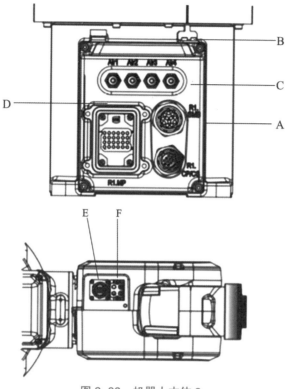

图 2-33 机器人本体 3

项目三

工作站维护与保养

教学目标

- 识读工作站；
- 识读通信板卡硬件；
- 配置 I/O 信号；
- 手动测试 I/O 信号；
- 培养学生的认真和敬业精神。

任务一　识读工作站

任务描述

能够对工作站的每个模块的机械组件识读，各个单元的工件摆放位置正确。工业机器人维护与保养项目三工作站维护与保养

实施流程

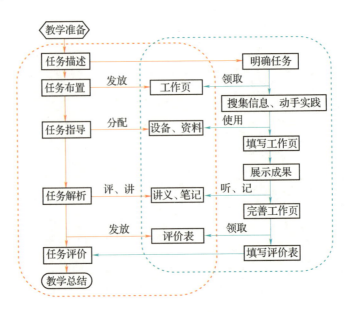

项目三 工作站维护与保养

🦾 教学准备

1. 资料准备：ABB 机器人用户操作手册、课件、图片、视频。
2. 工具准备：ABB 机器人本体、工作站及外部设备。

🦾 工作步骤

识读工作站——工作页 8

班级_____ 姓名_____ 日期_____ 成绩_____

识读工作站的组成。

编　号	描　述
A	
B	
C	
D	
E	
F	
G	
H	
I	
J	
K	
L	

63

考核评价

识读工作站——考核评价表

班级_____ 姓名_____ 日期_____ 成绩_____

序号	教学环节	参与情况	考核内容	教学评价	
				自我评价	教师评价
1	明确任务	参 与【 】 未参与【 】	领会任务意图		
			掌握任务内容		
			明确任务要求		
2	搜集信息	参 与【 】 未参与【 】	研读学习资料		
			搜集数据信息		
			整理知识要点		
3	填写工作页	参 与【 】 未参与【 】	明确工作步骤		
			完成工作任务		
			填写工作内容		
4	展示成果	参 与【 】 未参与【 】	聆听成果分享		
			参与成果展示		
			提出修改建议		
5	整理笔记	参 与【 】 未参与【 】	聆听任务解析		
			整理解析内容		
			完成学习笔记		
6	完善工作页	参 与【 】 未参与【 】	自查工作任务		
			更正错误信息		
			完善工作内容		
备注	请在教学评价栏目中填写：A、B或C　其中，A—能、B—勉强能、C—不能					
学生心得融入思政要素					
思政观测点评价					

知识链接

一、工作站各个机械组件的介绍

工作站示意图如图 3-1 所示。工作站组件定义如表 3-1 所示。

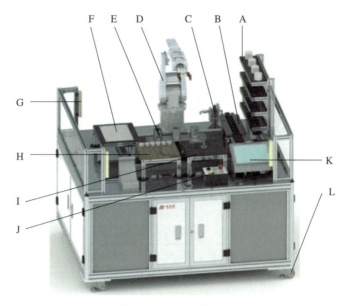

图 3-1　工作站示意图

表 3-1　工作站组件定义

编　号	描　　述
A	仓储库组件
B	传送带组件
C	气源处理组件
D	机器人本体
E	工装组件
F	绘图平台组件
G	光幕组件
H	码垛平台组件
I	打磨平台组件
J	按钮盒组件
K	触摸屏组件
L	万向脚轮组件

工作站机器人组件示意图如图3-2所示。工作站组件功能定义如表3-2所示。

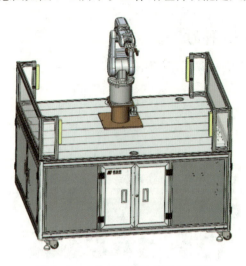

图3-2　工作站机器人组件示意图

表3-2　工作站组件功能定义

编号	图示	描述
1		A：吸盘工装； B：画笔工装； C：打磨电动机工装。 为机器人实现搬运、轨迹模拟画图、打磨抛光功能提供工具
2		画图工作站由铝型材支架、画图底板、A4纸等组成。为机器人轨迹模拟画图提供场所，画笔按程序在A4纸上将图案画出
3		码垛工作站由铝型材支架、码垛底板、工件等组成。为机器人实现码垛搬运提供场所，真空吸盘将工件从原位置吸起，放置在指定的位置，组装成各个图案

续表

编号	图 示	描 述
4	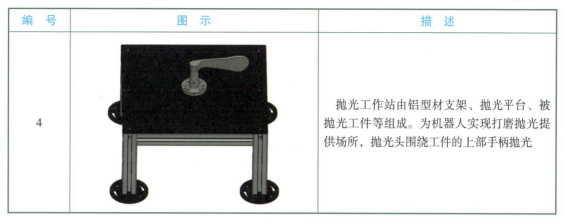	抛光工作站由铝型材支架、抛光平台、被抛光工件等组成。为机器人实现打磨抛光提供场所,抛光头围绕工件的上部手柄抛光

该组件由机器人本体工作站、台架组件、安全单元等组成。能够为机器人的运转提供一个平台,且有传感器安全组件,保证在设备运转时,一旦有异物进入工作环境内,机器会立即停止运转,保证设备和人员的安全。

任务二　识读通信板卡硬件

任务描述

通过本次任务,掌握工业机器人的I/O通信,培养通过学习I/O通信知识掌握与外围设备进行数据交换,掌握常用I/O通信板卡的设定。

实施流程

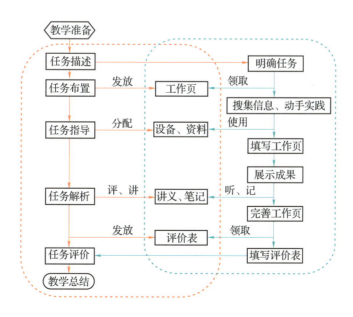

教学准备

1. 资料准备：ABB 机器人用户操作手册、课件、图片、视频。
2. 工具准备：ABB 机器人本体、控制柜。

工作步骤

识读通信板卡硬件——工作页 9

班级_____ 姓名_____ 日期_____ 成绩_____

识读下图，标出各端子的定义。

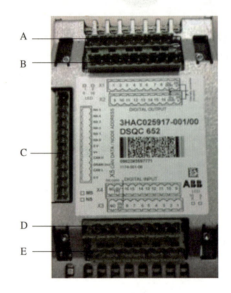

标识号	名称定义
A	
B	
C	
D	
E	

考核评价

识读通信板卡硬件——考核评价表

班级_____ 姓名_____ 日期_____ 成绩_____

序号	教学环节	参与情况	考核内容	教学评价	
				自我评价	教师评价
1	明确任务	参 与【 】 未参与【 】	领会任务意图		
			掌握任务内容		
			明确任务要求		
2	搜集信息	参 与【 】 未参与【 】	研读学习资料		
			搜集数据信息		
			整理知识要点		
3	填写工作页	参 与【 】 未参与【 】	明确工作步骤		
			完成工作任务		
			填写工作内容		
4	展示成果	参 与【 】 未参与【 】	聆听成果分享		
			参与成果展示		
			提出修改建议		
5	整理笔记	参 与【 】 未参与【 】	聆听任务解析		
			整理解析内容		
			完成学习笔记		
6	完善工作页	参 与【 】 未参与【 】	自查工作任务		
			更正错误信息		
			完善工作内容		
备注	请在教学评价栏目中填写：A、B 或 C 其中，A—能，B—勉强能，C—不能				
学生心得融入思政要素					
思政观测点评价					

知识链接

一、板卡介绍

DSQC652 通信板卡如图 3-3 所示。

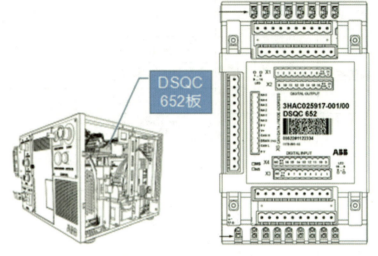

图 3-3　DSQC652 通信板卡

1. ABB 标准 I/O 板卡 DSQC652

DSQC652 板提供 16 个数字输入信号和 16 个数字输出信号，用于与第三方设备的 I/O 通信。X1 端子定义如表 3-3 所示。

表 3-3　X1 端子定义

X1 端子编号	使用定义	地址分配	X1 端子编号	使用定义	地址分配
1	OUTPUT CH1	0	6	OUTPUT CH6	5
2	OUTPUT CH2	1	7	OUTPUT CH7	6
3	OUTPUT CH3	2	8	OUTPUT CH8	7
4	OUTPUT CH4	3	9	0 V	
5	OUTPUT CH5	4	10	24 V	

X2 端子定义如表 3-4 所示。

表 3-4　X2 端子定义

X2 端子编号	使用定义	地址分配	X2 端子编号	使用定义	地址分配
1	OUTPUT CH9	8	6	OUTPUT CH14	13
2	OUTPUT CH10	9	7	OUTPUT CH15	14
3	OUTPUT CH11	10	8	OUTPUT CH16	15
4	OUTPUT CH12	11	9	0 V	
5	OUTPUT CH13	12	10	24 V	

X3 端子定义如表 3-5 所示。

表 3-5　X3 端子定义

X3 端子编号	使用定义	地址分配	X3 端子编号	使用定义	地址分配
1	INPUT CH1	0	6	INPUT CH6	5
2	INPUT CH2	1	7	INPUT CH7	6
3	INPUT CH3	2	8	INPUT CH8	7
4	INPUT CH4	3	9	0 V	
5	INPUT CH5	4	10	未使用	

X4 端子定义如表 3-6 所示。

表 3-6　X4 端子定义

X4 端子编号	使用定义	地址分配	X4 端子编号	使用定义	地址分配
1	INPUT CH9	8	6	INPUT CH14	13
2	INPUT CH10	9	7	INPUT CH15	14
3	INPUT CH11	10	8	INPUT CH16	15
4	INPUT CH12	11	9	0 V	
5	INPUT CH13	12	10	未使用	

X5 端子定义如表 3-7 所示。

表 3-7　X5 端子定义

X5 端子编号	使用定义	X5 端子编号	使用定义
1	0 V BLACK	7	模块 ID bit0（LSB）
2	CAN 信号线 LOW BLUE	8	模块 ID bit1（LSB）
3	屏蔽线	9	模块 ID bit2（LSB）
4	CAN 信号线 HIGH BLUE	10	模块 ID bit3（LSB）
5	24 V RED	11	模块 ID bit4（LSB）
6	GND 公共端	12	模块 ID bit5（LSB）

DSQC652 通信地址设置如图 3-4 所示。

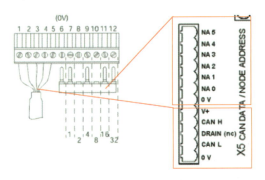

图 3-4　DSQC652 通信地址设置

2. ABB 标准 I/O 板卡 DSQC651

DSQC651 通信板卡如图 3-5 所示。

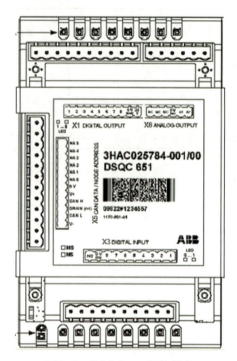

图 3-5　DSQC651 通信板卡

X1 端子定义如表 3-8 所示。

表 3-8　X1 端子定义

X1 端子编号	使用定义	地址分配	X1 端子编号	使用定义	地址分配
1	OUTPUT CH1	0	6	OUTPUT CH6	5
2	OUTPUT CH2	1	7	OUTPUT CH7	6
3	OUTPUT CH3	2	8	OUTPUT CH8	7
4	OUTPUT CH4	3	9	0 V	
5	OUTPUT CH5	4	10	24 V	

X3 端子定义如表 3-9 所示。

表 3-9　X3 端子定义

X3 端子编号	使用定义	地址分配	X3 端子编号	使用定义	地址分配
1	INPUT CH1	0	6	INPUT CH6	5
2	INPUT CH2	1	7	INPUT CH7	6
3	INPUT CH3	2	8	INPUT CH8	7
4	INPUT CH4	3	9	0 V	
5	INPUT CH5	4	10	未使用	

X5 端子定义如表 3-10 所示。

表 3-10　X5 端子定义

X5 端子编号	使用定义	X5 端子编号	使用定义
1	0 V BLACK	7	模块 ID bit0（LSB）
2	CAN 信号线 LOW BLUE	8	模块 ID bit1（LSB）
3	屏蔽线	9	模块 ID bit2（LSB）
4	CAN 信号线 HIGH BLUE	10	模块 ID bit3（LSB）
5	24 V RED	11	模块 ID bit4（LSB）
6	GND 公共端	12	模块 ID bit5（LSB）

X6 端子定义如表 3-11 所示。

表 3-11　X6 端子定义

X6 端子编号	使用定义	X6 端子编号	使用定义	地址分配
1	未使用	4	0 V	
2	未使用	5	模拟量输出 AO1	0~15
3	未使用	6	模拟量输出 AO2	16~31

任务三　配置 I/O 信号

任务描述

了解通信板卡 DSQC652 硬件，并正确地通过示教器建立了 DSQC652 通信板卡后，在其基础上配置数字量输入、输出信号，能够和外部信号进行信号交换。

实施流程

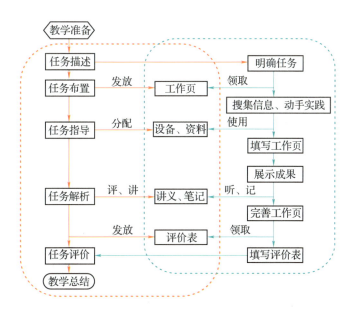

教学准备

1. 资料准备：ABB 机器人用户操作手册、课件、图片、视频。
2. 工具准备：ABB 机器人本体、控制柜。

工作步骤

配置 I/O 信号——工作页 10

班级_____ 姓名_____ 日期_____ 成绩_____

1. 描述配置 DSQC652 板卡。

2. 描述配置 I/O 信号。

3. 测试信号输入输出。

考核评价

配置 I/O 信号——考核评价表

班级_____　　姓名_____　　日期_____　　成绩_____

序号	教学环节	参与情况	考核内容	教学评价	
				自我评价	教师评价
1	明确任务	参　与【　】 未参与【　】	领会任务意图		
			掌握任务内容		
			明确任务要求		
2	搜集信息	参　与【　】 未参与【　】	研读学习资料		
			搜集数据信息		
			整理知识要点		
3	填写工作页	参　与【　】 未参与【　】	明确工作步骤		
			完成工作任务		
			填写工作内容		
4	展示成果	参　与【　】 未参与【　】	聆听成果分享		
			参与成果展示		
			提出修改建议		
5	整理笔记	参　与【　】 未参与【　】	聆听任务解析		
			整理解析内容		
			完成学习笔记		
6	完善工作页	参　与【　】 未参与【　】	自查工作任务		
			更正错误信息		
			完善工作内容		
备注	请在教学评价栏目中填写：A、B 或 C　　其中，A—能，B—勉强能，C—不能				
学生心得融入思政要素					
思政观测点评价					

知识链接

一、DSQC652 通信板卡的添加

ABB 标准 I/O 板卡都是下挂在 DeviceNet 总线下，在设定 DSQC652 板卡内部信号之前，需要将其与 DeviceNet 总线相连，分配必要的名称和地址信息。具体操作步骤如下所示。

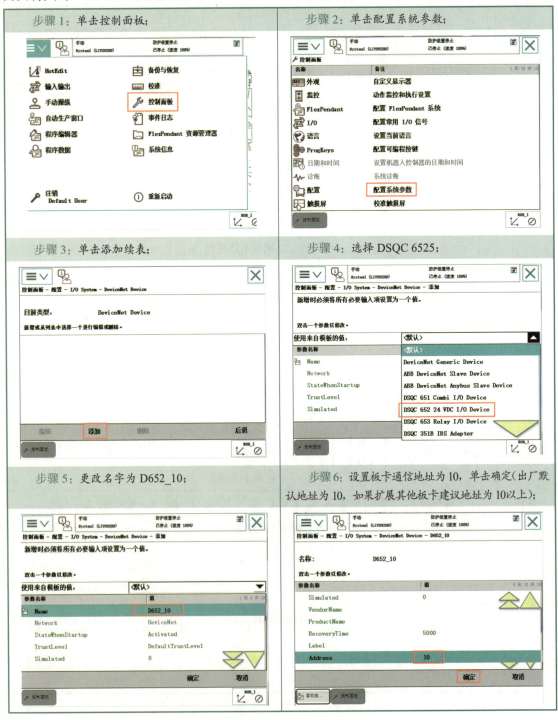

步骤7：单击是。

注意：当所有需要的信号配置完成后，单击重启控制器。

二、ABB 标准 I/O 板卡 DSQC652 数字量输入/输出信号的设置

标准 I/O 板卡的数字量输入/输出信号可以用来和外围设备进行简单的数字逻辑通信，可以外接一些传感器、电磁阀之类的设备。DSQC652 数字量输入输出操作步骤如下所示。

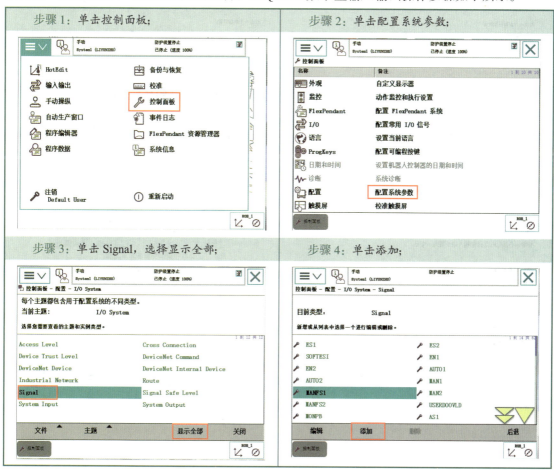

步骤5：更改名称／信号类型／选择设备／设备的地址；（创建输入信号）

步骤6：单击否，选择后退；

步骤7：单击添加，按图片示例更改，单击确定，选择否；（创建输出信号）

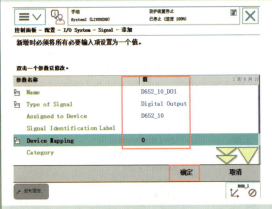

步骤8：单击添加，按图片示例更改，单击确定，选择否；（创建组输入信号）

步骤9：单击添加，按图片示例更改，单击确定；（创建组输出信号）

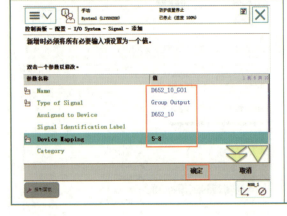

步骤10：单击是。

备注：当通信板卡及输入/输出信号创建完成之后，可以对所创建的信号进行备份，下次在使用同型号的通信板卡时，只需要恢复。步骤如下所示。

任务四　手动测试 I/O 信号

任务描述

测试机器人 DSQC652 通信板卡上的信号是否配置正确。

实施流程

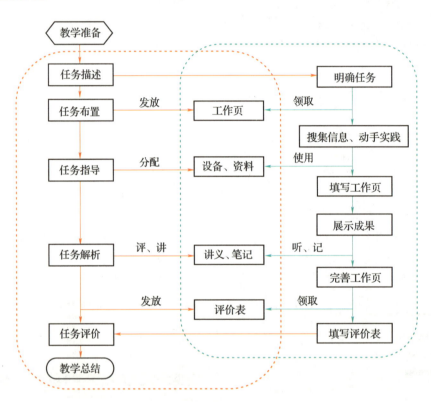

教学准备

1. 资料准备：机器人用户操作手册、课件、图片、视频。
2. 工具准备：机器人本体、示教器、控制柜。

工作步骤

手动测试 I/O 信号——工作页 11

班级_____ 姓名_____ 日期_____ 成绩_____

1. 通过控制盒测试机器人输出信号,控制机器人工装夹爪夹紧与松开。

2. 通过控制盒启动按钮测试机器人输入信号,并在示教器上可以查看。

考核评价

手动测试 I/O 信号——考核评价表

班级_____ 姓名_____ 日期_____ 成绩_____

序号	教学环节	参与情况	考核内容	教学评价	
				自我评价	教师评价
1	明确任务	参 与【 】 未参与【 】	领会任务意图		
			掌握任务内容		
			明确任务要求		
2	搜集信息	参 与【 】 未参与【 】	研读学习资料		
			搜集数据信息		
			整理知识要点		
3	填写工作页	参 与【 】 未参与【 】	明确工作步骤		
			完成工作任务		
			填写工作内容		
4	展示成果	参 与【 】 未参与【 】	聆听成果分享		
			参与成果展示		
			提出修改建议		
5	整理笔记	参 与【 】 未参与【 】	聆听任务解析		
			整理解析内容		
			完成学习笔记		
6	完善工作页	参 与【 】 未参与【 】	自查工作任务		
			更正错误信息		
			完善工作内容		
备注	请在教学评价栏目中填写：A、B 或 C　　其中，A—能，B—勉强能，C—不能				
学生心得融入思政要素					
思政观测点评价					

 知识链接

一、ABB 机器人信号配置

1. 输入输出信号

PLC 输入输出信号定义如表 3-12 所示。

表 3-12 PLC 输入输出信号定义

输入信号		输出信号	
I0.0	启动按钮	Q0.0	启动指示灯
I0.1	停止按钮	Q0.1	停止指示灯
I0.2	复位按钮	Q0.2	复位指示灯
I0.3	急停按钮	Q0.3	真空吸盘电磁阀
I0.4	传输带到位检测信号	Q0.4	夹爪夹紧电磁阀
I0.5	传输带有料检测信号	Q0.5	夹爪松开电磁阀
I0.6	光幕信号一	Q0.6	打磨电动机
I0.7	光幕信号二	Q0.7	传输带电动机
I1.0	夹爪松开到位信号	Q1.0	

2. 机器人输入信号

机器人输入信号定义如表 3-13 所示。

表 3-13 机器人输入信号定义

PLC 输出信号		机器人输入信号	
Q3.0	机器人急停信号	DI10_1	机器人急停信号
Q3.1	机器人复位信号	DI10_2	机器人复位信号
Q3.2	机器人系统上电并运行	DI10_3	机器人系统上电并运行
Q3.3	光幕触发中断信号	DI10_4	光幕触发中断信号
Q3.4	码垛单元启动信号	DI10_5	码垛单元启动信号
Q3.5	仓储单元启动信号	DI10_6	仓储单元启动信号
Q3.6	打磨单元启动信号	DI10_7	打磨单元启动信号
Q3.7	绘图单元启动信号	DI10_8	绘图单元启动信号

3. 机器人输出信号

机器人输出信号定义如表 3-14 所示。

表 3-14 机器人输出信号定义

PLC 输入信号		机器人输出信号	
I2.0	机器人复位完成	DO10_1	机器人复位完成
I2.1	机器人夹爪夹紧	DO10_2	机器人夹爪夹紧
I2.2	机器人夹爪松开	DO10_3	机器人夹爪松开
I2.3	机器人真空吸盘	DO10_4	机器人真空吸盘
I2.4	打磨电动机启停	DO10_5	打磨电动机启停

二、测试步骤

机器人输入输出信号测试步骤如下所示。

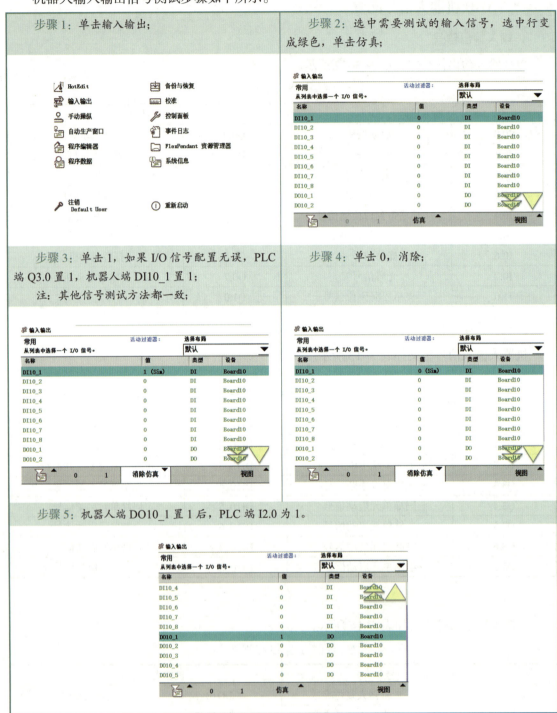

项目三 工作站维护与保养

📌 项目拓展

一、示教器种类

示教器种类如表 3-15 所示。

表 3-15　示教器种类

品　牌	特　点
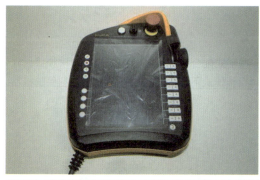	1. FlexPendant（示教器）以简洁明了、直观互动的彩色触摸屏和 3D 操纵杆为设计特色。 2. 拥有强大的定制应用支持功能，可加载自定义的操作屏幕等要件，无须另设操作员人机界面
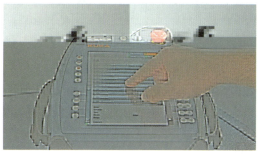	1. 符合人体工学的设计 KUKA smartPAD 质量减轻，结构符合人体工学，有利于高效舒适的操作。 2. 可广泛应用 KUKA smartPAD 可操作所有配备 KRC4 控制系统的 KUKA 机器人。 3. 防反射触摸屏 通过配备直观操作界面的 8.4 英寸英寸，1 英寸 =2.54 厘米。高、亮、大尺寸显示屏进行快速简便的操作。即使佩戴防护手套，也可以进行安全快速的操作。 4. 6D 鼠标 机器人在三个或全部六个自由度中进行直观的笛卡尔式移动和重新定向。 5. 八个运行键 通过单独的运行键直接控制最多八根轴或附加轴，无须来回切换。 6. 可热插拔 KUKA smartPAD 可随时在 KRC4 控制系统上进行插拔操作，非常适合在其他 KUKA 机器人上使用，或用于避免出现意外的误操作

品牌	特点
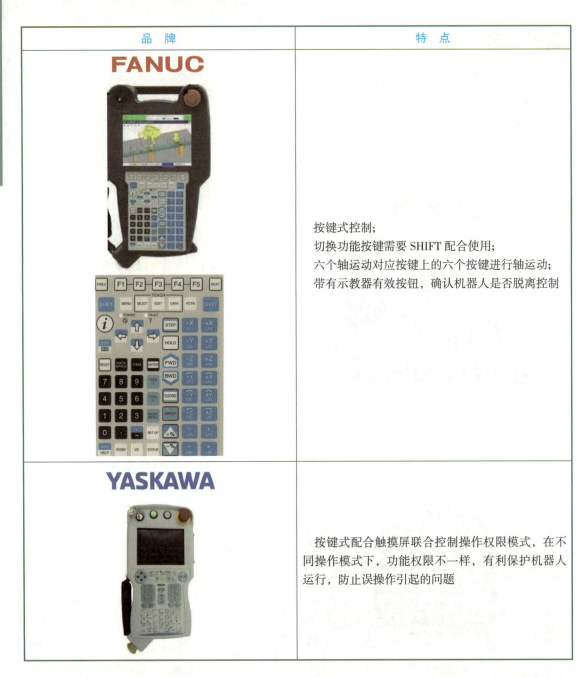 FANUC	按键式控制; 切换功能按键需要 SHIFT 配合使用; 六个轴运动对应按键上的六个按键进行轴运动; 带有示教器有效按钮,确认机器人是否脱离控制
YASKAWA	按键式配合触摸屏联合控制操作权限模式,在不同操作模式下,功能权限不一样,有利保护机器人运行,防止误操作引起的问题

二、1994年西安坠机事故

1. 事故概况

1994年6月6日,西北航空公司 Ty-154M 型 B2610 号飞机执行西安—广州 2303 航班任务。8:13分由西安咸阳机场起飞,8:23分,飞机在空中失控,坠毁在西安市长安县鸣犊镇。机上乘员160名,其中旅客146名、机组人员14名全部罹难。

2. 事故调查部分数据

(1)经公安部门现场勘查、尸体检验、安全检查、调查访问等工作,排除炸药爆炸和人为破坏因素。

（2）机组状况

①身体情况：机组人员1994年度体检结果均符合中国民航飞行人员体检标准。

②机组技术状况：机组人员均持有该机型执照，并在有效期内。

本次航班配备了双机组。

③舱音记录情况

机外通话录音清楚，机组内部对话录音声音小，干扰大，有的话难以辨认。

机组起飞前各阶段按检查单对飞机进行了检查。从起飞滑跑到抬前轮离地阶段，未发现异常情况报告。

离地24秒后，机组报告飞机飘摆并有嗡嗡响声，保持不住。此期间机组用杆状态操纵飞机。

机组用额定马力，缓慢上升，还短时接通了自动驾驶仪，试图稳定姿态，但无效果；随后将自动驾驶仪断开。

机组检查了加载器，把左座副驾驶杨民换成正加驾驶辛天才。

8时22分30秒舱音记录"失速了"，8时22分42秒听到飞机解体声。

④飞机数据记录器记录情况正常

飞机起飞后发生周期性振荡，左右侧滑与左右倾斜。飞行员进行了修正，飞机仍稳定不下来，随着调试的升高，摆幅越来大，多次出现"倾斜角大"的警告信号。

⑤经调查天气适航；通信民航雷达运行正常；管制口令清楚，符合有关规定；值班人员符合上岗要求。此次空难事故可以排除航行、气象、通信的原因。

⑥飞机不存在商务超载问题，装载平衡符合要求。

⑦飞机维修记录情况正常。

3. 事故原因

从事故现场收集到的残骸证实：自动驾驶仪安装座上有两个插头相互插错，即控制副翼的插头（绿色）插在控制航向舵的插座（黄色）中，而控制航向舵的插头（黄色）插在了控制副翼的插座中。

那么，问题是：关键插头为什么会插错？插错后为什么没有被及时发现而加以纠正？

其深层次原因，有以下几个方面：

①设计上无防错措施。尽管两个插头涂有不同颜色以示区别，出现插错的概率很低，但仍难以完全避免；

②从业人员的责任心及安全意识缺失。该飞机的维修操作，是由一名从业10多年的电气工程师带着2名助手进行的，在维修操作中他们却犯下了将两个插头相互插错而未检测出来的低级错误，这充分反映出从业人员的责任心及安全意识缺失；

③质量保证体系不健全。由严密的"三检"（自检、复检和专职检验）为基础的质量保证体系是确保飞行安全的关键。但遗憾的是，3名维修人员未进行自检，也未进行复检。负有专职检验职责的值班主任擅离岗位，未能履行自己的职责；

④管理混乱。第一，值班主任玩忽职守，擅离岗位；第二，违规操作，未按飞机维修大

纲规定进行操作；第三，应急处置指令受阻。

由于两个插头相互插错而又未能及时发现与纠正，从而付出了160条生命的代价，它留给我们的教训是深刻的，其中最主要的有以下3点。

第一，从业人员的认真与敬业精神是国家发展的支撑；

第二，防错设计是防止人为差错的有效措施；

第三，要加大对人为差错的分析研究力度。

亲爱的同学们，作为未来的工业机器人工程人员，我们的工作上的失误同样可能会造成严重的后果，请你结合你所学的专业，详细阐述一下，认真与敬业精神的重要性。

思考与练习

1. 标出工作台各部件名称

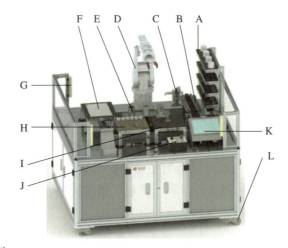

2. 标出各部件名称

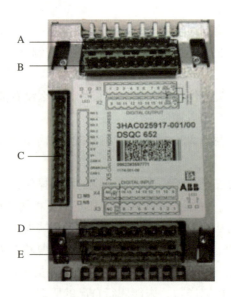

项目四

机器人常见故障及处理

教学目标

- 使用示教器；
- 校准及更新转速计数器；
- 更换机器人电池；
- 处理常见工业机器人故障；
- 培养良好的职业素养。

任务一　使用示教器

任务描述

工业机器人手动操作时，轴运动方式的切换及单轴运动、摇杆方向。

实施流程

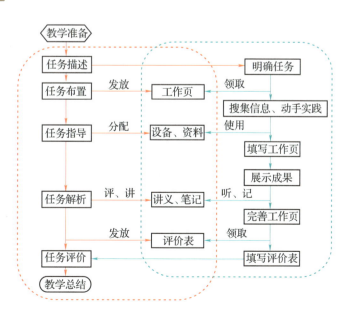

教学准备

1. 资料准备：ABB 机器人用户操作手册、课件、图片、视频。
2. 工具准备：ABB 机器人本体及示教器。

工作步骤

使用示教器——工作页 12

班级_____　姓名_____　日期_____　成绩_____

1. 工业机器人有几种运动模式？

2. 描述下图中标出的定义。

动作模式	操作杆如图示
	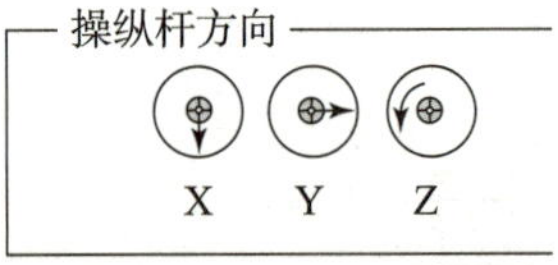 操纵杆方向 X Y Z
	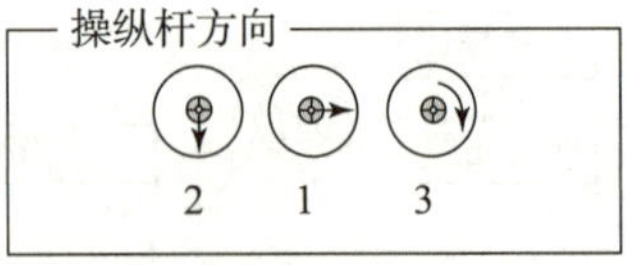 操纵杆方向 2 1 3
	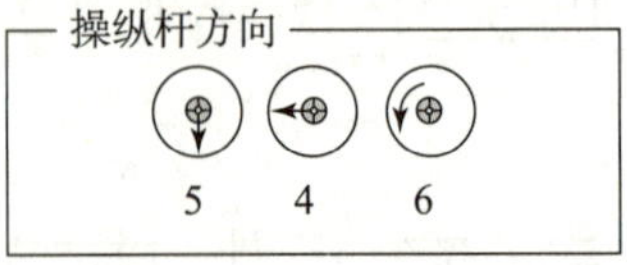 操纵杆方向 5 4 6
	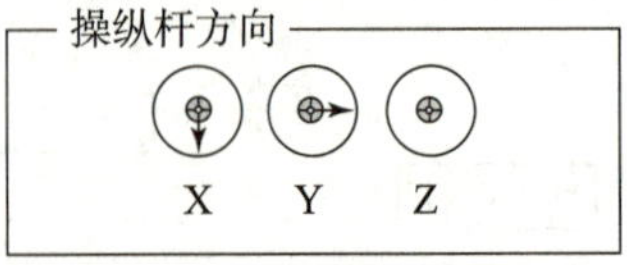 操纵杆方向 X Y Z

考核评价

使用示教器——考核评价表

班级_____ 姓名_____ 日期_____ 成绩_____

序号	教学环节	参与情况	考核内容	教学评价	
				自我评价	教师评价
1	明确任务	参　与【　】 未参与【　】	领会任务意图		
			掌握任务内容		
			明确任务要求		
2	搜集信息	参　与【　】 未参与【　】	研读学习资料		
			搜集数据信息		
			整理知识要点		
3	填写工作页	参　与【　】 未参与【　】	明确工作步骤		
			完成工作任务		
			填写工作内容		
4	展示成果	参　与【　】 未参与【　】	聆听成果分享		
			参与成果展示		
			提出修改建议		
5	整理笔记	参　与【　】 未参与【　】	聆听任务解析		
			整理解析内容		
			完成学习笔记		
6	完善工作页	参　与【　】 未参与【　】	自查工作任务		
			更正错误信息		
			完善工作内容		
备注	请在教学评价栏目中填写：A、B或C　　其中，A—能，B—勉强能，C—不能				
学生心得融入思政要素					
思政观测点评价					

知识链接

工业机器人有三种运动模式：关节运动、线性运动以及重定位运动；在进行手动操作之前，需要将机器人的控制器切换到手动模式。

"方向"属性不会显示机械单元将要移动的方向。请始终通过控制杆微小移动来进行微动控制，以便了解机械单元的真实方向。

1. 机器人手动操作（关节运动）

机器人在关节坐标系下的运动也称单轴运动，即每次手动操作机器人某一个关节轴的转动。使用机器人示教器关节运动步骤如下所示。

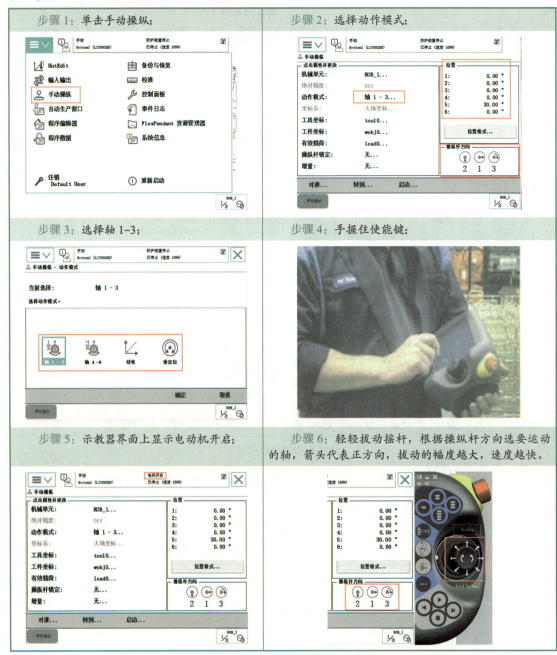

2. 机器人手动操作（线性运动）

机器人在直角坐标系下的运动是线性运动，即机器人工具中心点（TCP）在空间中沿坐标轴做直线运动。线性运动是机器人多轴联动的效果。使用机器人示教器线性运动步骤如下所示。

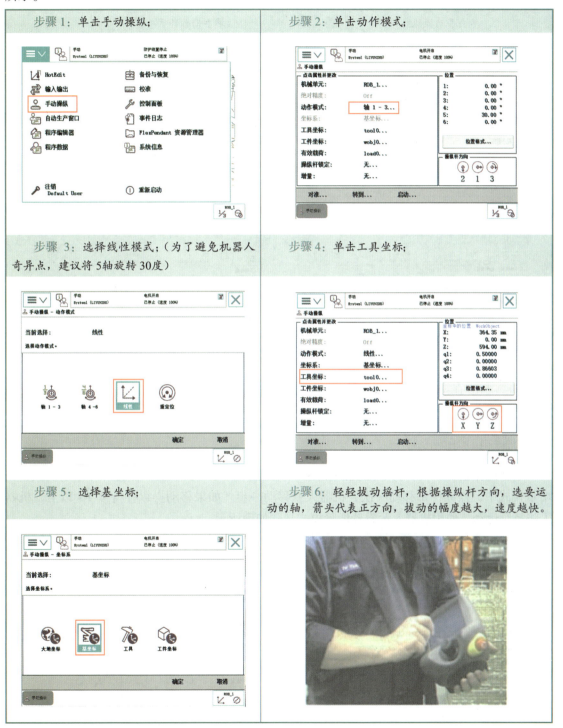

3. 机器人手动操作（重定位运动）

机器人的重定位运动是指机器人第六轴法兰盘上的工具 TCP 点在空间中绕着坐标轴旋转的运动，也可以理解为机器人绕着工具 TCP 点做姿态调整的运动。

使用机器人示教器重定位运动步骤如下所示。

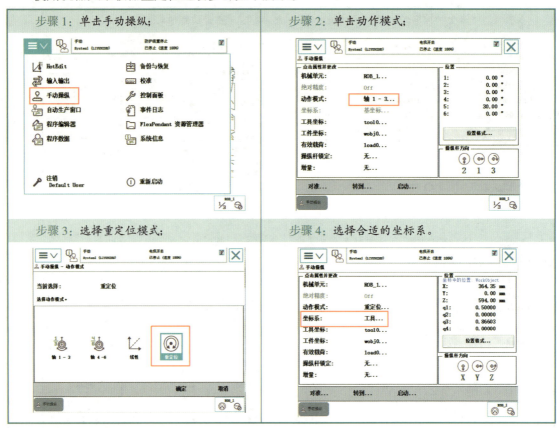

4. 手动操作增量模式

手动操作机器人时，为了避免操作不当产生意外，可以在手动操作时开启增量模式，在增量模式中，操纵杆每移动一次，机器人就移动一步。如果移动操纵杆持续 1 s 以上，机器人将持续运动。使用机器人示教器增量模式步骤如理所示。

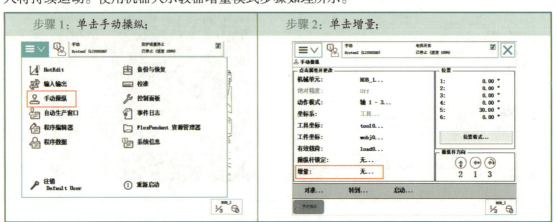

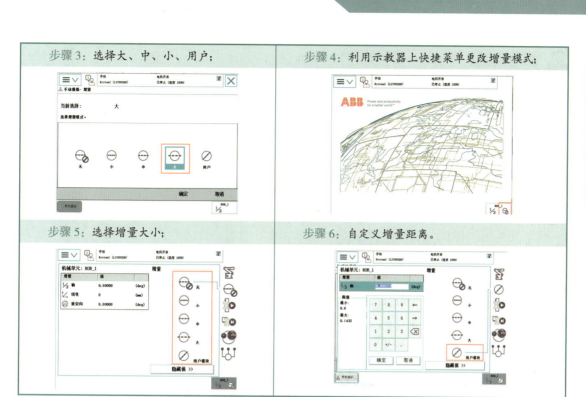

任务二　校准及更新转数计数器

🦾 任务描述

正确规范的使用校准工具对机器人六个关节轴进行校准，保证机器人在工作时的准确度；正确按照操作步骤完成机器人各个轴的转数计数器的更新。

🦾 实施流程

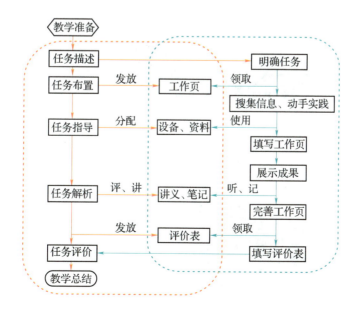

工业机器人维护与保养

教学准备

1. 机器人系统一套；
2. 工作站实训平台一台；
3. 校准工具一套；
4. 内六角扳手一套；
5. 需要两人配合完成。

工作步骤

校准及更新转数计数器——工作页 13

班级_____ 姓名_____ 日期_____ 成绩_____

1. 识读机器人微校时的每个轴的位置

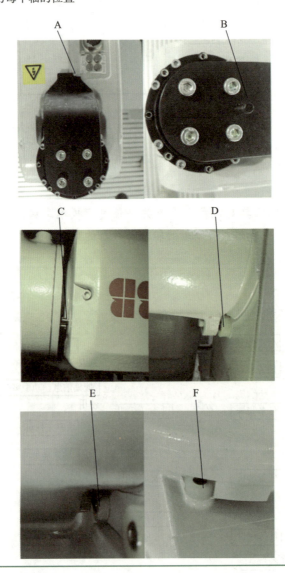

编 号	描 述
A	
B	
C	
D	
E	
F	

2. 识读机器人转数计数器更新时每个轴的零点位置。

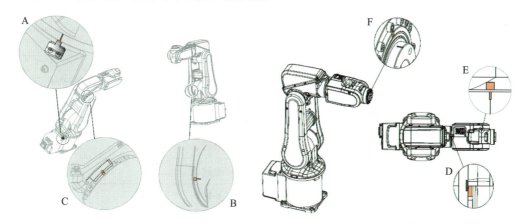

标识号	轴零点位置
A	
B	
C	
D	
E	
F	

考核评价

校准及更新转数计数器——考核评价表

班级_____ 姓名_____ 日期_____ 成绩_____

序号	教学环节	参与情况	考核内容	教学评价	
				自我评价	教师评价
1	明确任务	参 与【　】 未参与【　】	领会任务意图		
			掌握任务内容		
			明确任务要求		
2	搜集信息	参 与【　】 未参与【　】	研读学习资料		
			搜集数据信息		
			整理知识要点		
3	填写工作页	参 与【　】 未参与【　】	明确工作步骤		
			完成工作任务		
			填写工作内容		
4	展示成果	参 与【　】 未参与【　】	聆听成果分享		
			参与成果展示		
			提出修改建议		
5	整理笔记	参 与【　】 未参与【　】	聆听任务解析		
			整理解析内容		
			完成学习笔记		
6	完善工作页	参 与【　】 未参与【　】	自查工作任务		
			更正错误信息		
			完善工作内容		
备注	请在教学评价栏目中填写：A、B 或 C　　其中，A—能，B—勉强能，C—不能					
学生心得融入思政要素					
思政观测点评价					

项目四　机器人常见故障及处理

知识链接

一、校准

1. 校准机器人以及校准时使用的校准针脚

可通过以下方法进行校准：

（1）轴1、2和3同时使用FlexPendant。

（2）轴4、5和6同时使用FlexPendant。

（3）每个轴独自使用。

2. 所需设备

标准工具包：

所有检修（维修、维护和安装）程序包括进行指定活动所需工具的列表。

所需的全部特殊工具直接在操作程序中列出，而所有被视为标配的工具都收集在标准工具套件中，并在表4-1中进行了定义。

表4-1　标准工具包定义

工　具	数　量
内六角螺钉 2.5–17 mm	1
转矩扳手 0.5–10 N·m	1
小螺丝刀	1
塑料锤	1
转矩扳手 1/2 的棘轮头	1
插座头帽号 2.5，插座 1/2″ bit，线长 110 mm	1
小剪钳	1
带球头的T形手柄	1

3. 使用示教器进行校准

使用机器人示教器校准操作步骤如下所示。

步骤1：⚠ 关闭机器人的所有电力、液压和气压供给；	步骤2：从校准针脚上拆下所有定位销；

步骤3：将校准工具安装到轴6上；

步骤4：释放制动闸，制动闸释放按钮位于IRC5 Compact控制器的前面；

此单一制动闸释放按钮可用于释放所有轴上的制动闸；

释放制动闸时，机器人的轴可能移动非常快，且有时无法预料其移动方式；

确保释放制动闸时机器人附近没有人！

为了防止机器人快速移动，建议使用吊带吊住机械臂，缓慢移动，避免损害设备；

通过按制动闸释放按钮释放制动闸；

释放该按钮后，制动闸将恢复工作（控制器必须通电）；

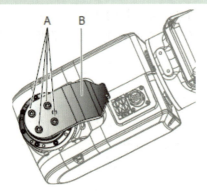

A—连接螺钉；B—校准工具

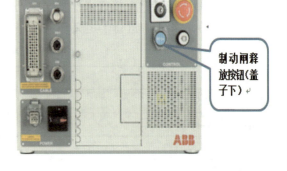

制动闸释放按钮（盖子下）

步骤5：单击校准；

步骤6：单击ROB_1校准；

步骤7：单击手动方法（高级）；

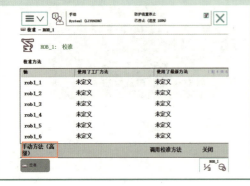

步骤8：选择校准参数，单击微校；

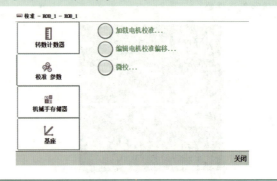

步骤9：单击是；

步骤11：选择5、6轴，单击校准；

步骤13：选择4轴，单击校准；

步骤10：手动旋转轴5-6，直至轴的两个校准针脚相互接触；

校准轴5-6。(将轴5旋转 -90°，将轴6旋转90°)；

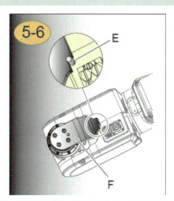

步骤12：手动旋转轴4，直至轴的两个校准针脚相互接触，校准轴4（将轴4旋转 -174.7°）；

步骤14：手动旋转轴3，直至轴的两个校准针脚相互接触，校准轴3（将轴3旋转75.8°）；

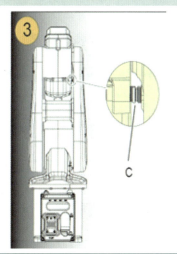

步骤15：选择3轴，单击校准；

步骤16：手动旋转轴2，直至轴的两个校准针脚相互接触，校准轴2（将轴2旋转 −115.1°）；

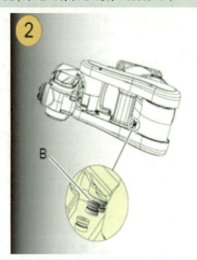

步骤17：选择2轴，单击校准；

步骤18：手动旋转轴1，直至轴的两个校准针脚相互接触，校准轴1（将轴1旋转 −170.2°）；

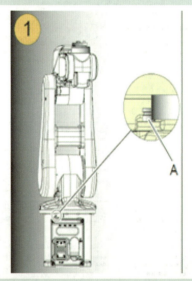

步骤19：选择1轴，单击校准；

步骤20：校准完成后，需要进行转数计数器更新。

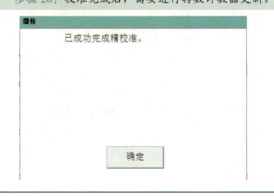

二、更新转数计数器操作步骤

ABB 机器人各个关节轴都有一个机械原点的位置；在以下几种情况下，机器人示教器上会提示"10036 转数计数器未更新"。

（1）当新机器人第一次使用时，通电之后。
（2）更换伺服电动机转数计数器电池后。
（3）当转数计数器发生故障，修复后。
（4）转数计数器与测量板之间断开过以后。
（5）断电后，机器人关节轴发生了移动。

更新转数计数器操作步骤如下所示。

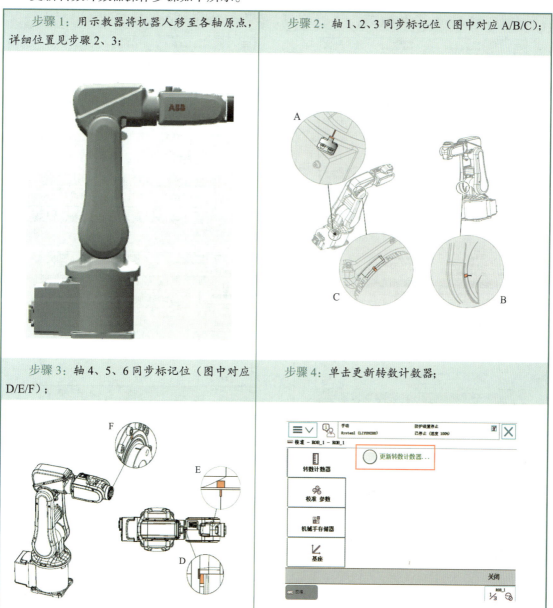

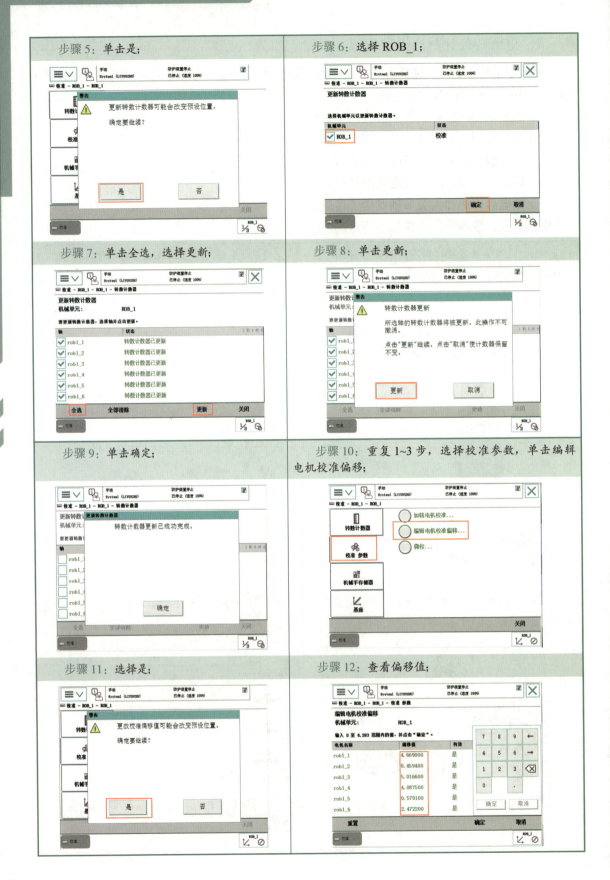

步骤13：与实际机器人本体上一轴上贴的偏移值相同。

任务三　更换机器人电池

任务描述

正确安全地更换新的机器人电池，保证用户数据能够断电保存。

实施流程

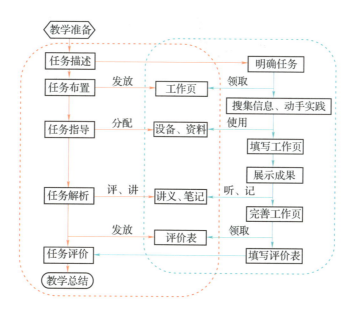

教学准备

1. 机器人系统一套；
2. 实训平台一套；
3. 内六角扳手一套；
4. ABB 机器人新的电池组一个（3HAC044075-001）；
5. 两根尼龙扎带；
6. 螺丝刀一套。

工作步骤

更换机器人电池——工作页 14

班级_____　姓名_____　日期_____　成绩_____

根据下图所示填写出更换机器人电池时的组件名称以及 A 组件的性能参数。

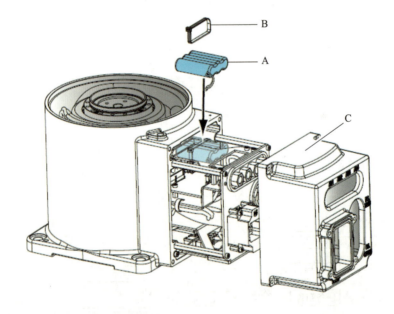

A	
B	
C	

考核评价

更换机器人电池——考核评价表

班级_____ 姓名_____ 日期_____ 成绩_____

序号	教学环节	参与情况	考核内容	教学评价	
				自我评价	教师评价
1	明确任务	参 与【 】 未参与【 】	领会任务意图		
			掌握任务内容		
			明确任务要求		
2	搜集信息	参 与【 】 未参与【 】	研读学习资料		
			搜集数据信息		
			整理知识要点		
3	填写工作页	参 与【 】 未参与【 】	明确工作步骤		
			完成工作任务		
			填写工作内容		
4	展示成果	参 与【 】 未参与【 】	聆听成果分享		
			参与成果展示		
			提出修改建议		
5	整理笔记	参 与【 】 未参与【 】	聆听任务解析		
			整理解析内容		
			完成学习笔记		
6	完善工作页	参 与【 】 未参与【 】	自查工作任务		
			更正错误信息		
			完善工作内容		
备注	请在教学评价栏目中填写：A、B 或 C　　其中，A—能，B—勉强能，C—不能				
学生心得融入思政要素						
思政观测点评价						

工业机器人维护与保养

知识链接

一、更换电池

1. 电池组的位置

电池组的位置在底座盖的内部,如图 4-1 所示。

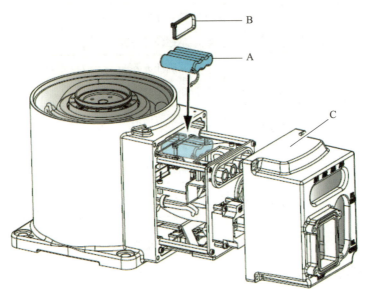

图 4-1　机器人电池组安装部位
A—电池组;B—电缆带;C—底座盖

2. 卸下电池组

拆卸电池组操作步骤如下所示。

步骤1: ⚠ 关闭机器人的所有电力、液压和气压供给;	步骤2: ❗ 在拆卸无尘防护罩机器人的零部件时,请始终使用小刀切割漆层并打磨漆层毛边;
	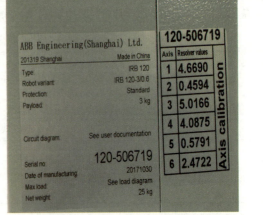

项目四 机器人常见故障及处理

步骤3：使用3.0号的内六角扳手分别卸下四个螺钉；	步骤4：通过卸下连接螺钉从机器人上卸下底座盖；

步骤5：断开电池电缆与编码器接口（J5）电路板的连接；	步骤6：切断电缆带，卸下电池组。

3. 重新安装电池组

安装电池组操作步骤如下所示。

步骤1：机器人：清洁已张开的接缝；	步骤2：用电缆带安装新电池组；
ℹ️ 小心操作	

109

步骤3：将电池电缆与编码器接口（J5）电路板相连；	步骤4：用其连接螺钉将底座盖重新安装到机器人上；
ⓘ 小心操作	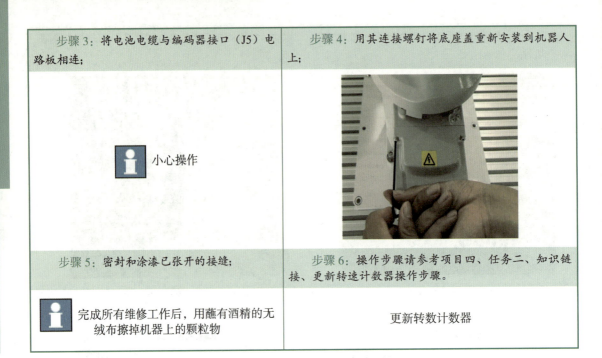
步骤5：密封和涂漆已张开的接缝；	步骤6：操作步骤请参考项目四、任务二、知识链接、更新转速计数器操作步骤。
ⓘ 完成所有维修工作后，用蘸有酒精的无绒布擦掉机器上的颗粒物	更新转数计数器

任务四　处理常见工业机器人故障

任务描述

根据机器人控制器的状态，确定故障原因，采取合理的解决办法；根据示教器上报警代码，查找具体报警原因并合理的解决。

实施流程

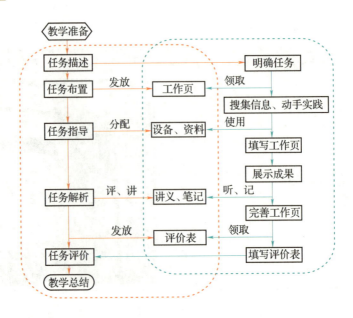

教学准备

1. 标准电工工具包一个（包括万用表、内六角扳手、绝缘胶带、大小螺丝刀等）。
2. 安装有 Robotstudio 软件的电脑一台。
3. 网线一根。
4. 操作手册一份。
5. 电气控制原理图一份。
6. 报警代码表一份。

工作步骤

处理常见工业机器人故障——工作页 15

班级＿＿＿＿＿＿ 姓名＿＿＿＿＿＿ 日期＿＿＿＿＿＿ 成绩＿＿＿＿＿＿

1. 识读时间消息：10013

2. 识读事件消息：50028

3. 识读事件消息：50026

4. 识读事件消息：50063

5. 识读事件消息：37108

6. 识读事件消息：71058

考核评价

处理常见工业机器人故障——考核评价表

班级_____ 姓名_____ 日期_____ 成绩_____

序号	教学环节	参与情况	考核内容	教学评价	
				自我评价	教师评价
1	明确任务	参 与【 】 未参与【 】	领会任务意图		
			掌握任务内容		
			明确任务要求		
2	搜集信息	参 与【 】 未参与【 】	研读学习资料		
			搜集数据信息		
			整理知识要点		
3	填写工作页	参 与【 】 未参与【 】	明确工作步骤		
			完成工作任务		
			填写工作内容		
4	展示成果	参 与【 】 未参与【 】	聆听成果分享		
			参与成果展示		
			提出修改建议		
5	整理笔记	参 与【 】 未参与【 】	聆听任务解析		
			整理解析内容		
			完成学习笔记		
6	完善工作页	参 与【 】 未参与【 】	自查工作任务		
			更正错误信息		
			完善工作内容		
备注	请在教学评价栏目中填写：A、B或C 其中，A—能，B—勉强能，C—不能				
学生心得融入思政要素						
思政观测点评价						

知识链接

一、按故障症状进行故障排除

故障症状排除如表 4-2 所示。

表 4-2 故障症状排除

故障简述	后 果	症状和原因	建议操作
启动故障	启动系统遇到问题	下面是启动故障可能会有的症状： 任何单元上的 LED 均未亮起。 接地故障保护跳闸。 无法加载系统软件。 示教器没有响应。 示教器能够启动，但对任何输入均无响应。 包含系统软件的磁盘未正确启动	1. 确保系统的主电源通电并且在指定的极限之内。 2. 确保主变压器已经正确连接到主输入电路。 3. 确保打开主开关。 4. 确保控制器的电源供应处于指定的范围内
控制器没有响应	使用示教器无法操作系统	下面是启动故障可能会有的症状： 控制器未连接主电源。 主变压器出现故障或者连接不正确。 主熔断丝（Q1）可能已经断开	1. 确保主电源工作正常，并且电压符合控制器的要求。 2. 确保主变压器正确连接电源电压。 3. 确保控制器内部的主电路熔断丝（Q1）没有熔断
控制器性能不佳	可能会观察到这些症状	计算机系统负荷过高，可能因为以下其中一个或多个原因造成： 程序仅包含太高程度的逻辑指令，造成程序循环过快，使处理器过载； I/O 更新间隔设置为低值，造成频繁更新和过高的 I/O 负载	1. 检查程序是否包含逻辑指令（或其他"不花时间"执行的指令），因为此类程序在未满足条件时会造成执行循环。 要避免此类循环，可以通过添加一个或多个 WAIT 指令来进行测试。仅使用较短的 WAIT 时间，以避免不必要地减慢程序。适合添加 WAIT 指令的位置可以是： 在主例行程序中，最好是接近末尾。 在 WHILE/FOR/GOTO 循环中，最好是在末尾，接近指令 ENDWHILE/ENDFOR 等部分

续表

故障简述	后果	症状和原因	建议操作
控制器性能不佳	程序执行迟缓，看上去无法正常执行并且有时停止	内部系统交叉连接和逻辑功能使用太频繁。 外部 PLC 或者其他监控计算机对系统寻址太频繁，造成系统过载	2. 确保每个 I/O 板的 I/O 更新时间间隔值没有太低。这些值使用 RobotStudio 更改。不经常读的 I/O 单元可按 RobotStudio 手册中详细说明的方法切换到"状态更改"操作。（ABB 建议使用以下轮询率： DSQC 327A：1000 DSQC 328A：1000 DSQC 332A：1000 DSQC 377A：20~40 所有其他：> 100） 3. 检查 PLC 和机器人系统之间是否有大量的交叉连接或 I/O 通信。（与 PLC 或其他外部计算机过重的通信可造成机器人系统主机中出现重负载） 4. 尝试以事件驱动指令而不是使用循环指令编辑 PLC 程序。（机器人系统有许多固定的系统输入和输出可用于实现此目的。与 PLC 或其他外部计算机过重的通信可造成机器人系统主机中出现重负载）
示教器启动问题	系统可能不用示教器操作	该症状可能由以下原因引起（各种原因按概率的顺序列出）： 系统未开启。 示教器没有与控制器连接。 到控制器的电缆被损坏。 电缆连接器被损坏。 示教器控制器的电源出现故障	1. 确保系统已经打开并且示教器连接到控制器。 2. 检查 FlexPendant 电缆是否存在任何损坏迹象。 3. 如有可能，通过连接不同的示教器进行测试以排除导致错误的示教器和电缆。 4. 如果可能的话，用不同的控制器来测试示教器以排除控制器不是错误源
示教器与控制器之间的连接问题	系统可能不用示教器操作	该症状可能由以下原因引起（各种原因按概率的顺序列出）： 以太网络有问题。 主计算机有问题	1. 检查电源到主计算机的全部电缆，确保它们正确连接。 2. 确保示教器与控制器正确连接。 3. 检查控制器中所有单元的各个 LED 指示灯。 4. 检查主计算机上的全部状态信号

续表

故障简述	后果	症状和原因	建议操作
机器人微动问题	无法手动微动控制机器人	该症状可能由以下原因引起（各种原因按概率的顺序列出）： 控制杆故障。 控制杆可能发生偏转	1. 确保控制器处于手动模式。 2. 确保 FlexPendant 与 Control-Module 正确连接。 3. 重置 FlexPendant
更新固件故障	自动更新过程被中断并且系统停止	这个故障经常在硬件和软件之间不兼容时发生	1. 检查事件日志，查看显示发生故障的单元消息。 2. 最近是否更换了相关的单元？如果"是"，则确保新旧单元的版本相同。如果"否"，则检查软件版本。 3. 最近是否更换了 RobotWare？如果"是"，则确保新旧单元的版本相同。如果"否"，请继续以下步骤。 4. 与当地的 ABB 代表检查固件版本是否与您的硬件/软件兼容
不一致的路径精确性	无法进行生产	该症状可能由以下原因引起（各种原因按概率的顺序列出）： 机器人没有正确校准。 未正确定义机器人TCP。 平行杆被损坏（仅适用装有平行杆的机器人）。 在电动机和齿轮之间的机械接头损坏。它通常会使出现故障的电动机发出噪声。 轴承损坏或破损（尤其如果耦合路径不一致并且一个或多个轴承发出滴答声或摩擦噪声时）。 将错误类型的机器人连接到控制器。 制动闸未正确松开	1. 确保正确定义机器人工具和工作对象。 2. 检查旋转计数器的位置。 3. 如有必要，重新校准机器人轴。 4. 通过跟踪噪声找到有故障的轴承。 5. 通过跟踪噪声找到有故障的电动机。分析机器人 TCP 的路径以便确定哪个轴进而确定哪个电动机可能有故障。 6. 检查平行杆是否正确（仅适用于装有平行杆的机器人）。 7. 确保根据配置文件中的指定连接正确的机器人类型。 8. 确保机器人制动闸可以令人正确地工作
机械噪声	磨损的轴承造成路径精确度不一致，并且在严重的情况下，接头会完全抱死	该症状可能由以下原因引起（各种原因按概率的顺序列出）： 磨损的轴承。 污染物进入轴承圈。 轴承没有润滑。 如果从变速箱发出噪声，也可能是下面的原因： 过热	1. 确定发出噪声的轴承。 2. 确保轴承有充分的润滑脂。 3. 如有可能，拆开接头并测量间距。 4. 电动机内的轴承不能单独更换，只能更换整个电动机。 5. 确保轴承正确装配。 6. 齿轮箱过热可能由以下原因造成：使用的油的质量或油面高度不正确。机器人工作周期运行特定轴太困难。研究是否可以在应用程序编程中写入小段的"冷却周期"。 齿轮箱内出现过大的压力

续表

故障简述	后果	症状和原因	建议操作
间歇性错误	操作被中断，并且偶尔显示事件日志消息，有时并不像是实际系统故障。这类问题有时会相应地影响紧急停止或启用链，并且可能难以查明原因	此类错误可能会在机器人系统的任何地方发生，可能的原因有： 外部干扰； 内部干扰； 连接松散或者接头干燥，例如，未正确连接电缆屏蔽。 热现象，例如工作场所内很大的温度变化	1. 检查所有电缆，尤其是紧急停止以及启动链中的电缆。确保所有连接器连接稳固。 2. 检查看任何指示 LED 信号是否有任何故障，可为该问题提供一些线索。 3. 检查事件日志中的消息。有时，一些特定错误是间歇性的。 4. 每次此类错误发生时，检查机器人的行为等。 5. 检查机器人工作环境中的条件是否要定期变化，例如，电气设备只是定期干扰。 6. 调查环境条件（如环境温度、湿度等）与该故障是否有任何关系
引导应用程序的强制启动	系统有启动问题或示教器无法连接到系统	机器人控制器始终以下列模式之一运行： 正常操作模式（选择用户创建的系统以运行）； 引导应用程序模式（高级维护模式）。 在较少见的情况下，严重错误（所选系统的软件或配置）可能会导致控制器无法正常启动进入正常操作模式。典型的情况是在网络配置更改后，某台控制器重启，导致该控制器无法得到 FlexPendant、RobotStudio 或 FTP 的响应。要将这台机器人控制器从此状态下解救出来，我们安排了新的方法，可以将控制器强制启动进入引导应用程序模式	重复下列操作每行三次： 1. 打开主电源开关。 2. 等待大约 20 s。 3. 关闭主电源开关。 当前的活动系统会被取消选择，在后续启动中将执行引导应用程序模式的强制启动。这可以用于从无法正常启动的系统恢复部分数据

二、按事件日志进行故障排除

时间日志故障排除如表 4-3 所示。

表 4-3　时间日志故障排除

报警编号	报警内容简要	实际可能原因	处理对策
10013	紧急停止状态	机器人急停被拍下，外部设备给予机器人信号	检查机器人急停，检查外部设备急停信号
10014	系统故障状态	程序或参数设置错误	B 启动，如果无效，请尝试"I 启动"恢复到出厂设置的备份
		硬件故障	根据系统信息提示进行硬件的诊断与更换
10039	SMB 内存不正常	SMB 上的数据和控制柜之间的数据不匹配	根据 SMB 上的数据更新控制柜的数据
10106 10107 10108 10109 10110 10111	检修信息		
10095	至少有一项任务未选定	多任务处理时，至少有一个任务不能正常启动	所有任务正确设定，可在全功能快捷键处查看，之后再运行
10354	由于系统数据丢失，恢复被终止	上次关机未正常保存数据	P 启动，不行用备份做 RESTORE
20032	转数计数器未更新	电池没电，上次未正常关机，SMB 板故障	找到各个轴位置，更新转数计数器
20034	SMB 内存不正常	SMB 上数据和控制器之间的数据不匹配	根据 SMB 上的数据更新控制柜的数据
20081	不允许该命令	转数计速器未更新	找到各个轴位置，更新转数计数器
20094	无法找到载荷名称	没有定义载荷	定义载荷
20095	无法找到工具名称	没有定义工具	定义工具
20106	备份路径	备份路径错误	检查备份路径，不可出现中文
20197	磁盘存储空间严重偏低	磁盘空间太小	检查是否有多个系统，检查是否有多个程序文件，删除不需要的文件
20201	限位开关已打开		
20212	两个通道故障，运行链	运行链双通道未同时断开	检查接线、继电器、外部设备信号，双通道要求同时断开
20600	非正式的 ROB-OTWARE 版本	系统为测试版本	重新安装系统

续表

报警编号	报警内容简要	实际可能原因	处理对策
34402	直流链路电压过低	直流链路电压过低，瞬间压降较大	工厂瞬间压降过大，建议在电源输入端增加稳压器
37001	电动机开启（ON）接触器启动错误	1. 接触器线路松动；2. 控制柜内部白色旋钮是否在正确的位置	检查线路和控制柜左下角旋钮开关
37108	主机与控制模块电源之间通信中断	主计算机无法获取状态信息或关闭电源	连接主机和控制模块电源的USB电缆受损或断开，也可能是电源出现故障
39403	转矩回路电流不足	在搬动时，卸下的电缆再次连接时，把插头一支针扭曲了	把针恢复后，故障排除
39472	输入电源相位缺失	整流器检测到某一相位出现功率损失	检查接入电压是否过低，正确接线，更换电源板
39520	与驱动模块的通信中断	轴计算机故障	更换
39522	轴计算机未找到	轴计算机故障	更换
41439	未定义的载荷	载荷的重心偏移设置错误	重心偏移 XYZ 数值不能同时为 0，正确定义重心偏移位置
50024	转角路径故障	最后一个移动指令转弯数据 ZOONEDATA 未设为 FINE	应设定最后一个移动指令转弯数据为 FINE. MOVEJ P10 V100 FINE TOOL1
50026	靠近奇异点	轴 5 在 0° 附近	该位置点轴 5 角度尽量避开 0°
50027	关节超出范围		
50028	微动控制方向错误		
50041	机器人在奇异点上		
50050	位置超出范围	在原点不正确的情况下移动机器人的位置	重新校准机械零点
50056	关节碰撞		
50063	不正确的圆		
50174	Wobj 未连接	机器人 TCP 无法与工件协动	机器人跟踪参数与输送链速度不匹配，调整
50315	转角路径故障	编程点太近而转弯半径设置的又比较大	减少不必要的点位，运动指令后面加 \\conc
50416	电动机温度告警	电动机温度过高	检查电动机刹车，优化程序
71058	与 IO 单元通信失效	1. 通信单元未供电；2. IO 总线连接错误；3. IO 单元硬件故障	首先检查 IO 单元供电，从电源分配板开始测量，检查总线连接
71300	DeviceNet 通信错误	未正确连接终端电阻	检查 DeviceNet 总线的终端电阻，大小 120 Ω

案例1：

机器人总是显示10106报警编号，提示操作员应进行机器人的检修，应该怎么做？

报警编号10106排除操作步骤如下所示。

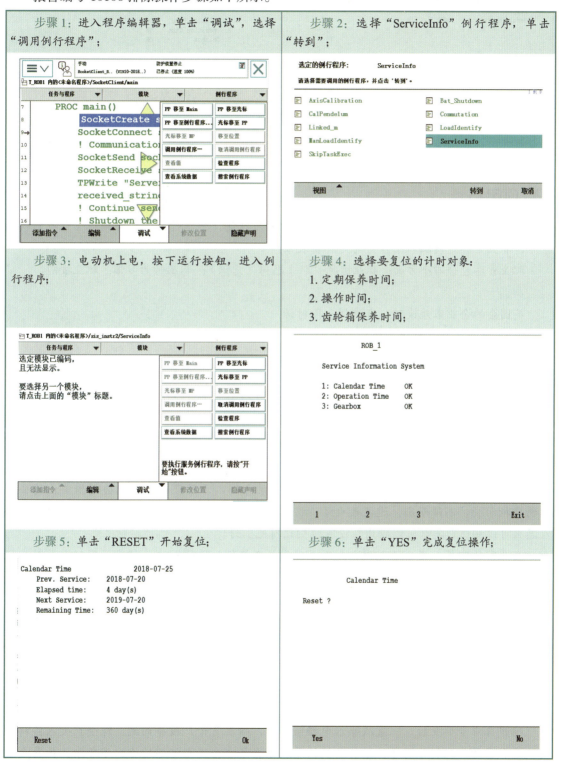

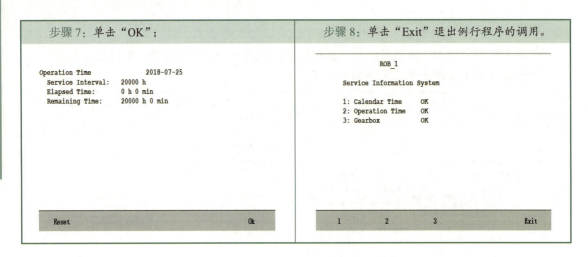

项目拓展

职业素养是人类在社会活动中需要遵守的行为规范。个体行为的总合构成了自身的职业素养，职业素养是内涵，个体行为是外在表象。

职业素养包含四个方面：职业道德；职业思想（意识）；职业行为习惯；职业技能。

案例一

某国企的企业家座谈时，有这样一段对话：

"请问您的企业需要什么样的人才？"

"要德才兼备。"

"德才两者，哪个优先？"

"德！有德的人至少可以找到适合他的工作岗位；缺德的人我们企业坚决不要。"

"您所指的德是什么？"

"首先是社会公德，职业道德。"

"为什么？"

"个别毕业生，根本不遵守签订的合乎法律的合同，干了几个月，把公司借给他的公用财物囊括而去，不辞而别，逃之夭夭了。这怎么行？没有起码的社会公德和职业道德！这种人怎么可以相信？怎么可以聘用？没有他们比有他们好。"

企业家的回答，提出了现代企业乃至现代社会评价和选拔人才的标准，同时也是对我们培养人才质量欠佳的尖锐批评。新的时代、新的社会环境，需要大量德才兼备的人才，如果我们培养的人才，不爱国，不顾公共利益，缺乏职业道德，只要利己就什么都干得出来，确实会贻害无穷。

毫无疑问，现代化社会需要有道德的现代人。道德素质的培养要放在素质教育的首要地位来考虑。爱因斯坦说得好："第一流的人物对于时代和历史进程的意义，在道德品质方面，也许比单纯的才智方面还大。"

案例二

徐虎自中专毕业后，一直从事水电维修工作，踏实肯干，服务周到，深受广大人民群众的欢迎和喜爱。他制作了3只"特约报修箱"挂在居委会、电话间墙上。多年来，他每天晚上7点准时打开报修箱,义务为居民修理2100余处故障,花费了6300多小时的业余时间。有8个除夕夜,他都是在工作一线度过,被群众亲切地称为"晚上七点的太阳"。他主动带徒,手把手地将自己的专业技能和服务理念传授给徒弟,形成了广泛的"徐虎效应"。24小时"徐虎热线"开通的十余年间,每年都要接到各类报修、咨询电话3万个左右。在上海各行各业的服务热线中,"徐虎热线"的知名度、美誉度始终名列前茅。1998年以后,徐虎开始从事管理工作。从普通的水电维修岗位到企业管理岗位,他坚持角色变了,"辛苦我一人,方便千万家"的信念不变,一如既往地用自己的敬业、钻研和奉献精神,积极钻研物业管理和现代经营管理理论,结合实践撰写了多篇具有前瞻性和可操作性的研究论文。他是中共十五大代表,被授予全国优秀共产党员、全国劳动模范等荣誉称号。

思考与练习

1. 机器人转数计数器为什么不能更新?
2. 怎样校准ABB机器人?
3. 通过案例学习,你的感悟是什么?

项目五

工作站常见故障及处理

教学目标

- 处理误操作故障;
- 处理常见气路故障;
- 处理常见电路故障;
- 树立安全生产意识。

任务一　处理误操作故障

任务描述

任务讲述了在操作工作站时由于没有按照正确的操作流程或者不注意按错按键而产生了不想要的结果时的一些常见处理故障的对应措施。工业机器人维护与保养项目五工作站常见故障及处理。

实施流程

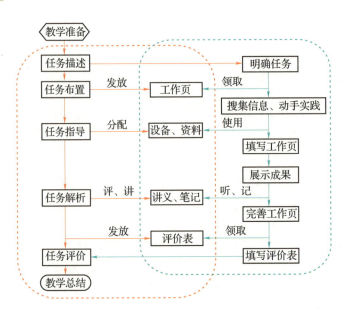

项目五 工作站常见故障及处理

🦾 教学准备

1. 正确操作工作站的步骤说明书一份。
2. 常见误操作使工作站产生的状态说明书一份。
3. 熟悉整个工作站的工作流程。
4. 会操作紧急停止工作站的措施。

🦾 工作步骤

处理误操作故障——工作页 16

班级_____ 姓名_____ 日期_____ 成绩_____

1. 机器人在手动模式下正确操作工作站流程。

```
启动工作站
    ↓
检查气源、工作台周围干涉情况
    ↓
机器人控制模式选择手动控制模式
    ↓
手动按住示教器上的使能按钮
    ↓
将指针（PP）移至 Main
    ↓
按下示教器上的运行按钮
    ↓
按下按钮盒上的复位按钮，复位完成后
按下启动按钮（启动指示灯常亮）
    ↓
选择触摸屏上的模块单元按钮
进行实训
    ↓
结束实训
```

2. 机器人在自动模式下正确操作工作站流程。

```
启动工作站
    ↓
检查气源、工作台周围干涉情况
    ↓
机器人控制模式选择自动控制模式
    ↓
按下按钮盒上的复位按钮，复位完成后
按下启动按钮（启动指示灯常亮）
    ↓
选择触摸屏上的模块单元按钮
进行实训
    ↓
结束实训
```

考核评价

了解安全概要——考核评价表

班级_____ 姓名_____ 日期_____ 成绩_____

序号	教学环节	参与情况	考核内容	教学评价	
				自我评价	教师评价
1	明确任务	参 与【 】 未参与【 】	领会任务意图		
			掌握任务内容		
			明确任务要求		
2	搜集信息	参 与【 】 未参与【 】	研读学习资料		
			搜集数据信息		
			整理知识要点		
3	填写工作页	参 与【 】 未参与【 】	明确工作步骤		
			完成工作任务		
			填写工作内容		
4	展示成果	参 与【 】 未参与【 】	聆听成果分享		
			参与成果展示		
			提出修改建议		
5	整理笔记	参 与【 】 未参与【 】	聆听任务解析		
			整理解析内容		
			完成学习笔记		
6	完善工作页	参 与【 】 未参与【 】	自查工作任务		
			更正错误信息		
			完善工作内容		
备注	请在教学评价栏目中填写：A、B或C 其中，A—能，B—勉强能，C—不能				
学生心得融入思政要素					
思政观测点评价					

知识链接

一、正常操作工作站步骤（表 5-1）

表 5-1　正常操作工作站步骤

步　骤	描　　　述
1	检查电路、气路、周围环境、干涉情况、工件正确复位
2	开启气源开关、空气开关、机器人控制器开关，打开钥匙开关
3	工作站完全启动后，复位指示灯闪烁
4	手动模式下，将机器人运动到安全位置
5	将机器人打到自动模式，按下复位按钮，工作站开始复位操作
6	复位完成后，复位指示灯常亮，启动指示灯开始闪烁
7	按下启动指示灯，复位指示灯熄灭，启动指示灯常亮
8	在触摸屏上进行模块化操作，一次执行各个单元

二、误操作工作站产生的故障（表 5-2）

表 5-2　误操作工作站产生的故障

故障简述	后　果	建议操作
按下复位按钮后机器人不动作	复位完成不了	1. 检查机器人系统是否正常启动； 2. 检查机器人程序指针是否在"Main"程序中； 3. 检查机器人电动机是否上电且是否处在运行状态； 4. 检查机器人复位信号是否收到
按下复位按钮后夹爪不打开	复位完成不了	1. 检查工作站是否正常供气源； 2. 检查节流滑阀是否打开； 3. 检查夹爪气缸的节流阀是否拧死； 4. 检查机器人是否有打开夹爪电磁阀的信号输出
复位正常完成，按触摸屏上的模块单元按钮时，工作站不动作	模块单元实训不了	检查机器人端是否正常收到模块单元启动信号
没有复位，直接按触摸屏上的模块单元按钮	工作站不动作	先按按钮盒上复位按钮，再按启动按钮，启动指示灯常亮时，再操作触摸屏上的模块单元按钮
机器人在手动模式下，没有按住示教器上的使能按键，直接按按钮盒上的复位按钮	机器人不动作	1. 手动将机器人指针（PP）移至 Main； 2. 按住使能按钮给机器人上电； 3. 按下示教器上的运行按钮； 4. 按下按钮盒上的复位按钮

任务二　处理常见气路故障

任务描述

正确识读气动元器件，根据故障状态解决问题。

实施流程

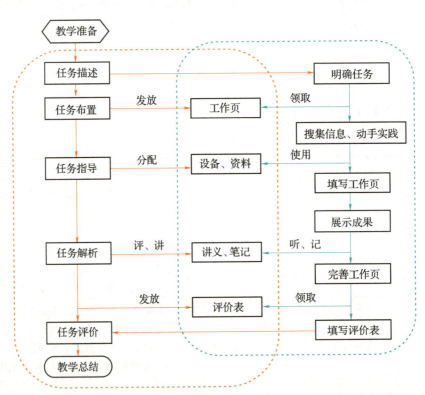

教学准备

1. 认识气动元器件。
2. 熟悉整个工作站的工作流程。
3. 熟悉气动元器件的工作原理。
4. 具有看懂气路原理图的能力。
5. 具有娴熟的动手能力。

项目五 工作站常见故障及处理

工作步骤

处理常见气路故障——工作页 17

班级＿＿＿＿＿＿　姓名＿＿＿＿＿＿　日期＿＿＿＿＿＿　成绩＿＿＿＿＿＿

一、气动元器件的认知

1. 压力表组件

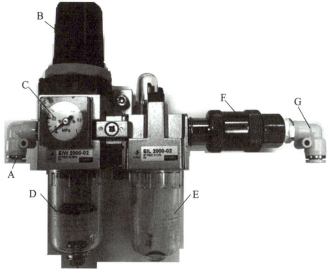

编　号	描　述
A	
B	
C	
D	
E	
F	
G	

2. 夹爪气缸组件

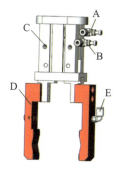

编　号	描　述
A	
B	
C	
D	
E	

3. 电磁阀组件

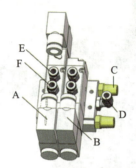

编　号	描　述
A	
B	
C	
D	
E	
F	

二、常见气路故障对应解决措施

考核评价

了解安全概要——考核评价表

班级_____　　姓名_____　　日期_____　　成绩_____

序号	教学环节	参与情况	考核内容	教学评价	
				自我评价	教师评价
1	明确任务	参　与【　】 未参与【　】	领会任务意图		
			掌握任务内容		
			明确任务要求		
2	搜集信息	参　与【　】 未参与【　】	研读学习资料		
			搜集数据信息		
			整理知识要点		
3	填写工作页	参　与【　】 未参与【　】	明确工作步骤		
			完成工作任务		
			填写工作内容		
4	展示成果	参　与【　】 未参与【　】	聆听成果分享		
			参与成果展示		
			提出修改建议		
5	整理笔记	参　与【　】 未参与【　】	聆听任务解析		
			整理解析内容		
			完成学习笔记		
6	完善工作页	参　与【　】 未参与【　】	自查工作任务		
			更正错误信息		
			完善工作内容		
备注	请在教学评价栏目中填写：A、B或C　　其中，A—能，B—勉强能，C—不能				
学生心得融入思政要素						
思政观测点评价						

知识链接

一、气动元器件的认知

1. 压力表组件（图 5-1）

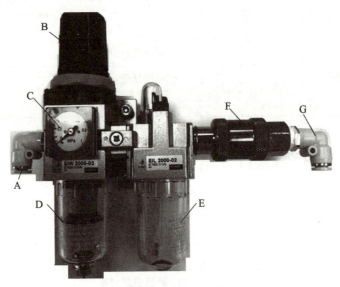

图 5-1　压力表组件

压力表组件定义如表 5-3 所示。

表 5-3　压力表组件定义

编　号	描　　述
A	气源进气接头
B	减压阀
C	压力表
D	空气过滤器
E	油雾器
F	节流滑阀
G	气源出气接头

2. 夹爪气缸组件（图 5-2）

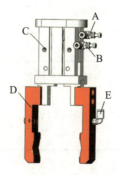

图 5-2　夹爪气缸组件

夹爪气缸组件定义如表5-4所示。

表5-4 夹爪气缸组件定义

编　号	描　述
A	节流阀1
B	节流阀2
C	夹爪气缸
D	夹爪左右组件
E	真空吸盘进气孔

3. 电磁阀组件（图5-3）

电磁阀组件定义如表5-5所示。

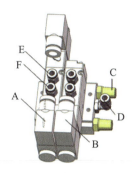

图5-3　电磁阀组件

表5-5　电磁阀组件定义

编　号	描　述
A	双电控电磁阀
B	单电控电磁阀
C	消声器
D	电磁阀组进气孔
E	输出气管1
F	输出气管2

4. 真空发生器与过滤器（图5-4）

图5-4　真空发生器与过滤器

真空发生器与过滤器定义如表5-6所示。

表5-6　真空发生器与过滤器定义

编　号	描　述
A	过滤器
B	真空发生器
C	气管

二、常见故障（表5-7）

表5-7　常见故障

序　号	故障现象	解决对策
1	没有气体	1. 检查气源是否打开； 2. 检查压力表是否有气压，如果没有气压或气压太低，调节气压旋钮，正常气压范围0.3~0.5。 3. 检查滑阀是否打开，如果没有打开，打开滑阀。 4. 检查气管是否有弯曲，如果中间有弯曲，把弯曲部位校正直
2	夹爪夹紧电磁阀得电，气缸不动作	1. 检查是否有气源正常给予，如果没有正确开启气源。 2. 检查气缸上的节流阀是否拧死，如果拧死，调节节流阀。 3. 检查气管是否接反，如果接反调换进出气管。 4. 检查是否松开电磁阀也得电，双电控电磁阀必须一个阀头得电另一个阀头失电
3	吸盘电磁阀得电，吸盘不吸气反而出气	检查真空发生器是否接反，如果接反调换真空发生器方向
4	弹簧复位按钮锁死（黄色按钮）	将锁死的弹簧复位按钮开启

三、夹爪气动连接图（图5-5）

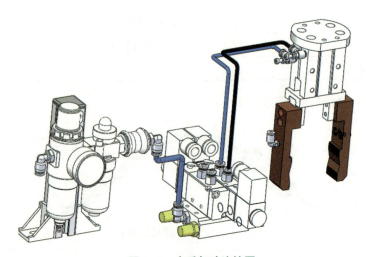

图5-5　夹爪气动连接图

四、吸盘气动连接图（图 5-6）

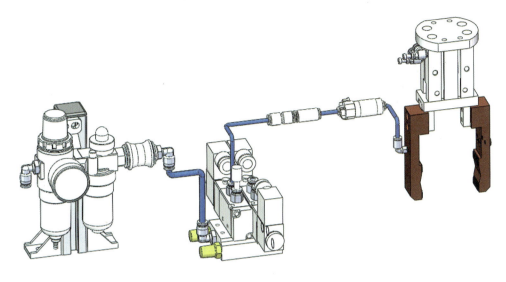

图 5-6　吸盘气动连接图

任务三　处理常见电路故障

任务描述

根据电路故障现象进行排查。

实施流程

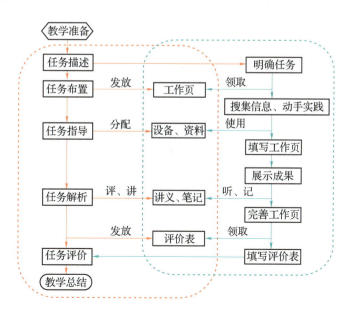

教学准备

1. 熟悉整个工作站的工作流程。
2. 认识电气元器件。
3. 熟悉电气元器件的工作原理。
4. 具有读图的能力。
5. 具有娴熟的动手能力以及排查故障的能力。

工作步骤

处理常见电路故障——工作页 18

班级_____ 姓名_____ 日期_____ 成绩_____

1. 识读电气原理图，填写机器人与 PLC 之间的 I/O 表。

PLC 输出信号	机器人输入信号	机器人输出信号	PLC 输入信号

2. 识读光电传感器指示灯状态。

红灯：

黄灯：

3. 识读光电传感器调节按钮

标识号	定义
A	
B	
C	

考核评价

了解安全概要——考核评价表

班级_____ 姓名_____ 日期_____ 成绩_____

序号	教学环节	参与情况	考核内容	教学评价	
				自我评价	教师评价
1	明确任务	参 与【 】 未参与【 】	领会任务意图		
			掌握任务内容		
			明确任务要求		
2	搜集信息	参 与【 】 未参与【 】	研读学习资料		
			搜集数据信息		
			整理知识要点		
3	填写工作页	参 与【 】 未参与【 】	明确工作步骤		
			完成工作任务		
			填写工作内容		
4	展示成果	参 与【 】 未参与【 】	聆听成果分享		
			参与成果展示		
			提出修改建议		
5	整理笔记	参 与【 】 未参与【 】	聆听任务解析		
			整理解析内容		
			完成学习笔记		
6	完善工作页	参 与【 】 未参与【 】	自查工作任务		
			更正错误信息		
			完善工作内容		
备注	请在教学评价栏目中填写：A、B或C　　其中，A—能，B—勉强能，C—不能				
学生心得融入思政要素					
思政观测点评价					

知识链接

一、光电传感器的认知

光电传感器：采用光电元件作为检测元件的传感器，它首先把被检测的变化转换成光信号的变化，然后借助光电元件进一步将光信号转换成电信号，如图5-7所示。光电传感器一般由光源、光学通路和光电元件三部分组成。

图5-7 光电传感器

光电检测方法具有精度高、反应快、非接触等优点，而且可测参数多、传感器的结构简单、形式灵活多样。因此，光电传感器在检测和控制中应用非常广泛，如零件直径、表面粗糙度、应变、位移、加速度以及物体形状、工作状态的识别等。

常见的光电传感器有：

（1）槽型光电传感器；

（2）对射型光电传感器；

（3）反光板型光电传感器；

（4）扩散反射型光电开关。

光电传感器NPN输出回路如图5-8所示，光电传感器PNP输出回路如图5-9所示。

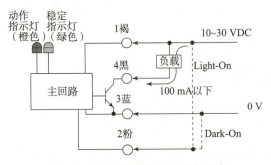 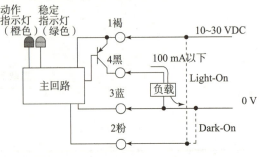

图5-8 光电传感器NPN输出回路　　　图5-9 光电传感器PNP输出回路

二、光电传感器的调试

光电传感器调试操作步骤如表 5-8 所示。

表 5-8　光电传感器调试操作步骤

编号	现　象	描　述
1		A：输出方式调节旋钮； B：状态指示灯； C：检测距离调节旋钮
2		状态指示灯亮，红灯代表光电传感器供电正常
3		状态指示灯亮，黄灯代表有信号输入

三、常见电路故障（表 5-9）

表 5-9 常见电路故障

编 号	故障现象	解决对策
1	工作站没有供电	1. 检查电源是否有电； 2. 空气开关是否开启； 3. 钥匙开关是否打到 ON 侧
2	按钮盒上电源指示灯不亮	1. 检查电源是否有电； 2. 空气开关是否开启； 3. 开关电源是否有 DC 24 V 输出； 4. DC 24 V 电是否存在短路情况
3	机器人控制器没有供电	1. 检查电源是否有电； 2. 空气开关是否开启； 3. 钥匙开关是否打到 ON 侧； 4. 机器人控制器电源开关是否打到 ON 侧
4	磁性开关电源指示灯不亮	1. 检查开关电源是否有 DC 24 V 电输出； 2. 检查接线端子是否有松动或掉线的情况； 3. 确定损坏，更换新的元器件
5	磁性开关没有输入信号	1. 检查磁性开关的安装位置； 2. 确定损坏，更换新的元器件
6	光电传感器电源指示灯不亮或没有信号输入	1. 检查开关电源是否有 DC 24 V 电输出； 2. 接线端子是否松动； 3. 调节检测距离旋钮； 4. 确定损坏，更换新的元器件

四、电气原理图（图5-10～图5-18）

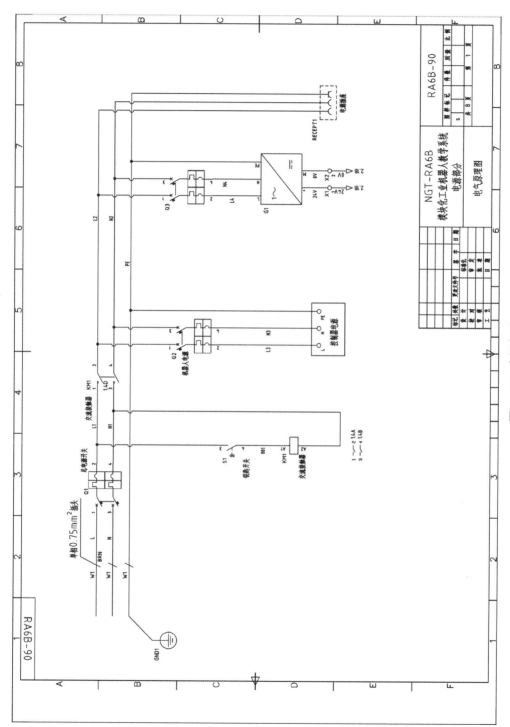

图5-10 电源部分

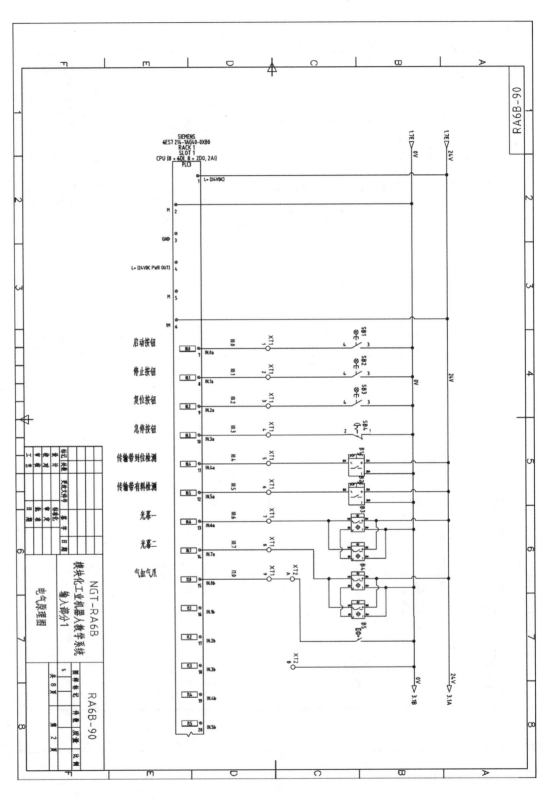

图 5-11 输入部分 1

项目五 工作站常见故障及处理

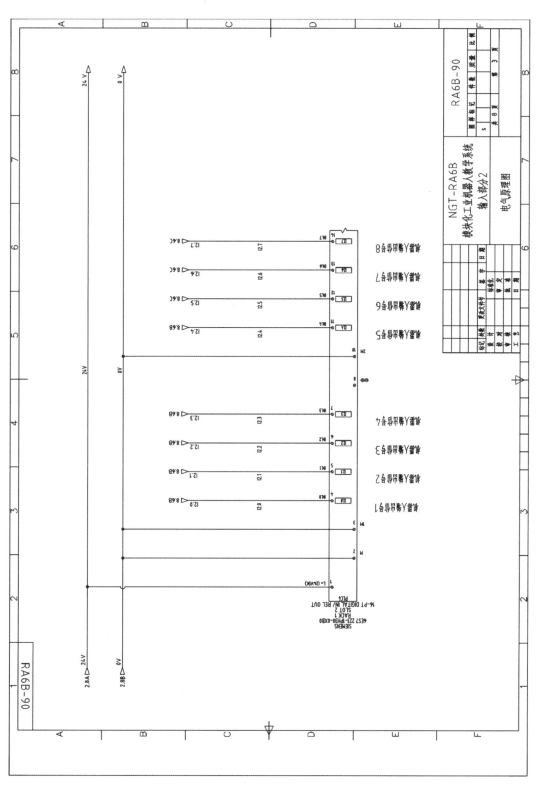

图 5-12 输入部分 2

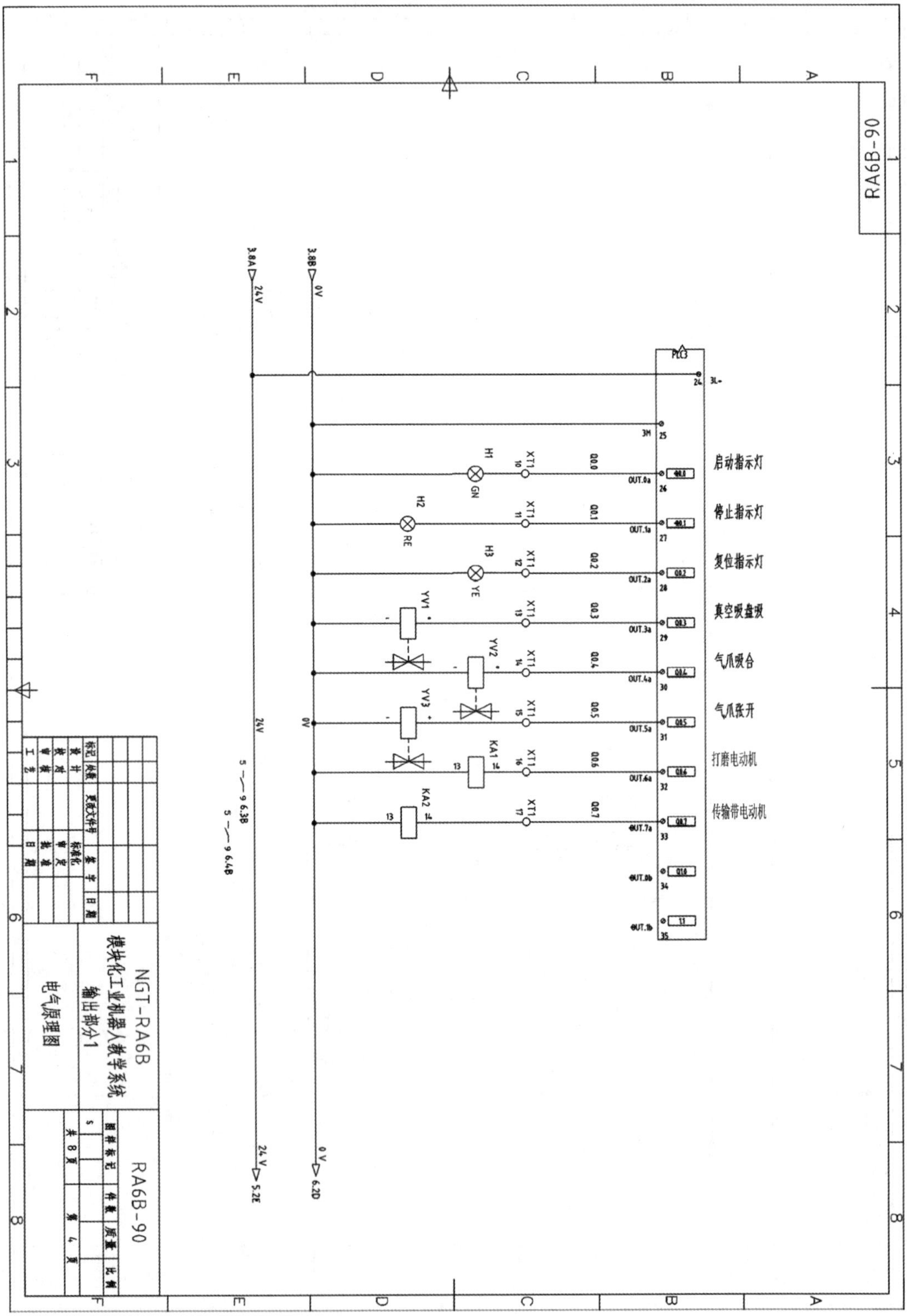

图 5-13 输出部分 1

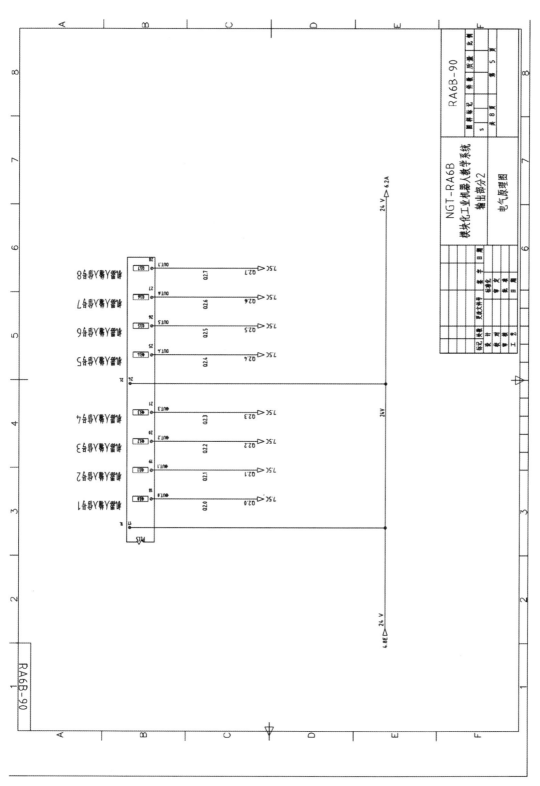

图 5-14 输出部分 2

图 5-15 控制部分

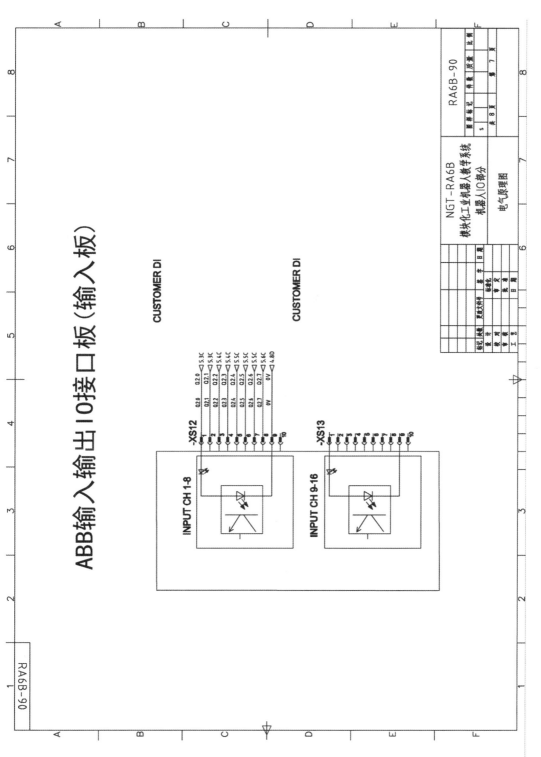

图 5-16 IO 接口输入板

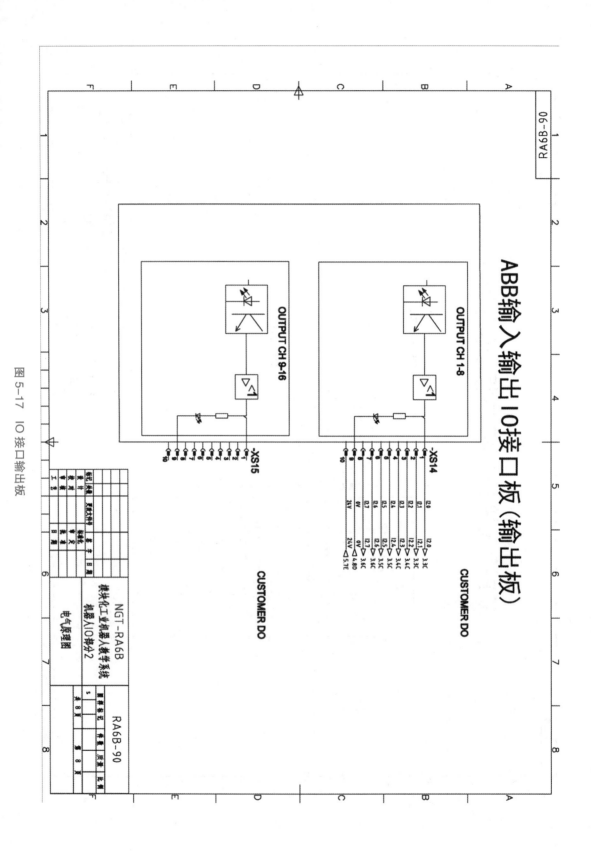

图 5-17 IO 接口输出板

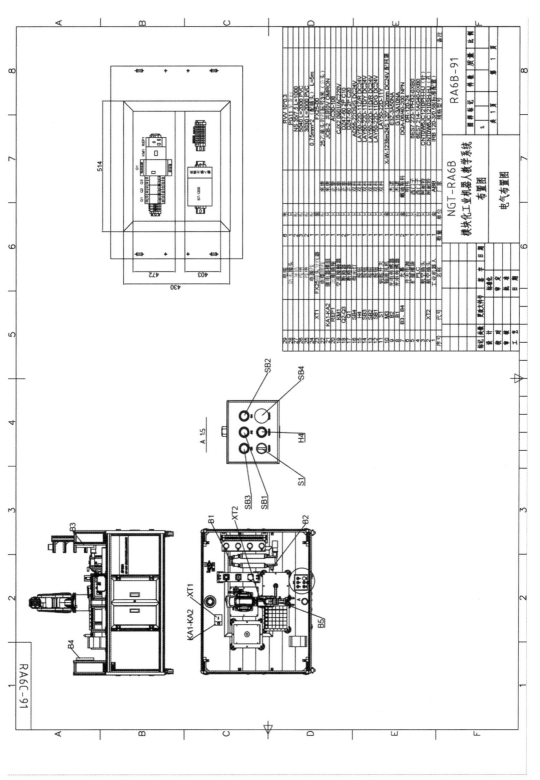

图 5-18 电气布置图

项目拓展

安全文明生产是保障生产工人和机床设备的安全，防止工伤和设备事故的根本保证，也是搞好企业经营管理的内容之一。它直接影响到人身安全、产品质量和经济效益，影响机床设备和工具、夹具、量具的使用寿命及生产工人技术水平的正常发挥。学生在学校期间必须养成良好的安全文明生产习惯。

进一步提高安全生产及文明施工意识，增强做好施工安全生产及文明施工工作的自觉性和责任感。切实加强领导，明确施工安全生产职责，强化施工安全生产管理，不断提高施工安全生产管理水平和作业现场的安全生产文明施工水平，为广大施工人员创造安全的工作和生活环境，确保施工现场作业人员的人身安全。

案例一

某建筑队安排加班基础回填，因蛙式打夯机电源线未接，该队民工刘某就主动去接线，因刘某不懂用电设备接线规定，仅将三相火线接通，而未接通保护零线，加上刘某又无电工工具，赤手操作，因而接线松动。在操作过程中，由于打夯机带电，致使操作工卢某（未戴绝缘手套）触电死亡。

案例二

《烈火英雄》根据鲍尔吉·原野长篇报告文学《最深的水是泪水》改编，故事的原型是2010年"大连7·16油爆火灾"。

2010年7月16日，大连新港一艘30万吨级外籍油轮在卸油的过程当中，由于操作不当引发输油管线，引燃了10万吨的油罐，这个级别的油罐周围还有几十个。辽宁公安2000多名消防官兵用15个小时成功扑灭大火，创造了世界火灾扑救史奇迹。现场一共出动200多辆消防车，救援一共消耗了500多万吨的泡沫，消防战士1人牺牲、1人重伤，大连附近海域至少50平方公里的海面被原油污染。

思考与练习

1. 机器人控制器没有供电怎么处理？
2. 夹爪夹紧电磁阀得电，气缸不动作怎么处理？
3. 通过案例学习，你的感悟是什么？

参考文献

［1］张明文．工业机器人编程及操作（ABB机器人）［M］．哈尔滨：哈尔滨工业大学出版社，2017．
［2］张明文．ABB六轴机器人入门实用教程［M］．哈尔滨：哈尔滨工业大学出版社，2017．
［3］张善燕．工业机器人应用与维护职业认知［M］．北京：机械工业出版社，2017．
［4］李阳．工业机器人工作站维护保养［M］．北京：机械工业出版社，2018．
［5］叶晖．工业机器人典型应用案例精析［M］．北京：机械工业出版社，2018．
［6］叶晖．工业机器人实操与应用技巧［M］．北京：机械工业出版社，2010．
［7］杨杰忠，向金林．工业机器人技术及其应用［M］．北京：机械工业出版社，2017．
［8］张宪民，杨丽新，黄沿江．工业机器人应用基础［M］．北京：机械工业出版社，2015．
［9］胡伟，陈彬．工业机器人行业应用实训教程［M］．北京：机械工业出版社，2015．